润滑油生产工艺和设备

周利勤 编著

中国石化出版社

内 容 提 要

本书主要介绍了润滑油生产过程中相关的工艺和设备，包括调合设备(批量调合设备、同步计量调合设备、在线调合设备)、辅助设备(桶抽提设备、倒罐设备、黏度指数改善设备、消泡剂稀释设备、染色体添加设备、自动打猪管汇设备、打猪设备)和近40种其他设备，同时介绍了在润滑油生产过程中常见问题的处理方法。书中对提高润滑油产品质量提供了一些建设性的意见，希望对目前正在生产、需要改造和打算新建项目的公司有所启发和帮助。

本书适合润滑油行业从业人员参考使用。

图书在版编目(CIP)数据

润滑油生产工艺和设备/ 周利勤编著．—北京：中国石化出版社,2022.11
ISBN 978-7-5114-6908-3

Ⅰ．①润… Ⅱ．①周… Ⅲ．①润滑油-生产工艺
Ⅳ．①TE626.3

中国版本图书馆CIP数据核字(2022)第197237号

中国石化出版社出版发行

地址:北京市东城区安定门外大街58号
邮编:100011 电话:(010)57512500
发行部电话:(010)57512575
http://www.sinopec-press.com
E-mail:press@sinopec.com
北京柏力行彩印有限公司印刷
全国各地新华书店经销

*

710×1000毫米 16开本 7.5印张 1彩页 122千字
2022年12月第1版 2022年12月第1次印刷
定价:58.00元

编者介绍

主编周利勤：

2003年至2018年期间，先后在道达尔·埃尔夫(TOTAL·ELF)、壳牌(SHELL)和碧辟(BP)公司从事生产润滑油项目的改造、扩建和新建，曾经参加过：

1. 埃尔夫在广州经济技术开发区和中国远洋海运集团合资生产船用润滑油的扩建项目，任项目经理。

2. 天津壳牌和浙江壳牌润滑油改造与扩建项目包括新增透平油和金属加工液项目，以及浙江壳牌年产18万吨润滑油新建项目，主要生产液压油和发动机油，任施工经理和设计经理。

3. 江苏碧辟和天津碧辟润滑油扩建与新建项目，使江苏太仓工厂从原来年产9.0万吨润滑油增加到16.3万吨，扩建项目主要生产矿物油和合成油，以及新建年产20万吨的天津北极星润滑油项目FEED(Front End Engineering Design)阶段的前期准备工作和设计，任工艺工程师。

前　言

伴随现代工业的出现，润滑油在工业发展中扮演着越来越重要的角色，上至航空航天下至潜水舰艇，小到精密仪器大到重大装备，无不采用润滑油来润滑各个零部件，减少磨损，延长使用寿命。因此，润滑油质量的好坏，直接影响到机械性能的好坏。而润滑油质量的高低，又同生产过程有着密切的联系。润滑油生产过程是一个相当简单，没有高压和高温，也没有任何化学反应的机械搅拌过程。曾经有人说过，只要给我一口锅、一个炉子、一台秤、几桶基础油和几袋添加剂，就可以根据你需要的配方调合出润滑油来让你直接使用；也曾经看到过有不少工厂也许至今还在采用手工操作生产润滑油，譬如仍然采用手工把加热后的桶装添加剂通过移动式的气动隔膜泵加入调合釜里，仍然采用手工将两头带快装接头的胶管连接成品油储罐和灌装线来进行灌装，等等。如此手工操作，不仅劳动强度大，效率低，而且容易产生误操作，造成交叉污染，影响产品的质量。要生产质量比较高的润滑油还有很多的讲究和做法，特别是生产工艺的配置和设备的选购，都是生产过程中十分关键的步骤。

为此，我们编写了一本与生产润滑油各种工艺和设备有关的书，希望对那些准备新建和扩建以及需要改造的润滑油项目有所帮助和启迪，生产出质量更高、效果更好的润滑油，充分满足高端市场和广大用户的需求，尤其是将来高档汽车和精密与智能机械设备的需求。

在编写过程中，得到了 ABB、FMC(现改为 EMERSON)和 VIKING PUMP 以及广大生产商和经销商如上海良帛机电设备有限公司、上海镐渭工业技术有限公司、上海蓝申仪表有限公司、上海创沐工业技术有限公司、无锡南泉压力容器有限公司、江苏英耐斯机械制造有限公司、浙江长江搅拌设备有限公司、梅特勒托利多科技(中国)有限公司、皓郸(上海)实验室系统工程有限公司、奥克梅包装设备(嘉兴)有限公司等单位的大力支持和帮助，在此表示衷心的感谢，并祝他们有更好的业务发展。同时，也得到了吕奇、张志国、沈力斌、朱文璇、马颖杰等专业人士以及中国润滑油信息网的支持和帮助，在此一并表示衷心的感谢。

由于本人水平有限，难免会有出错的地方，欢迎大家指正。

编　者

目　录

第1章 调合设备

润滑油调合设备有以下几种形式，这些形式根据生产的需要以及投资规模的大小进行选择，可以选择一到两种，也可以选择多种。

1.1 批量调合设备 BBV/ABB(Batch Blending Vessel/Automatic Batch Blender)

BBV/ABB 有两种调合方式的配置，一种方式是单独一个调合釜，一次调合量一般在 10t、20t 和 30t，采用称重传感器进行计量。根据配方，通过储罐的泵，分别将基础油和添加剂经过各自管道上的气动开关球阀加入调合釜里，桶装添加剂则由 DDU(Drum Decanting Unit)加入，然后再由二级定量控制球阀添加少量的基础油达到称重精度要求后，进行加热搅拌混合，最后通过调合釜出口处的泵和打猪管线把经化验合格的产品输送到成品罐里。

另一种方式是分上下两个调合釜，小的称作为加料釜或调合釜料斗，在上面，通常只有 1.0~3.0t 大小，经过称重传感器的计量，采用基础油先预混一些粉料或添加剂进行加热或保温后，靠重力再和其他物料包括用量比较多的基础油一起进入大的调合釜即 BBV/ABB 里进行加热搅拌混合，最终由调合釜的出口泵和打猪管线将合格的产品输送到成品罐里。无论是加料釜还是 BBV/ABB，在釜内顶部都装有一定数量的旋转喷头，用基础油来清洗每一批次调合以后的釜内残留物，更换新的品种进行下一批次的调合，所用的基础油作为配方中的成分比例一起输送到成品罐里。

调合釜通常采用不锈钢制作，这样可以保证产品不会受到任何污染。因此，高档和批量生产不是很大的润滑油可以采用这种方式进行调合。以下是这两种调合方式的 P&ID 和 3D 模型图(图 1-1)，仅供参考。

BBV/ABB 的 P&ID

BBV/ABB 和加料釜的 P&ID

图 1-1 BBV/ABB 和加料釜的 3D 模型图

1.2 同步计量调合设备 SMB(Simultaneous Metering Blender)

这是一种根据配方按一定顺序将储罐里的基础油和添加剂以及由鸡尾酒罐预混的桶装添加剂，通过各自的出口泵和管道上的气动开关球阀分别输入管汇后，再经过管汇上的质量流量计、流量控制阀和单向阀以及主管道上的加力泵和打猪管线把原料输送到成品罐里的调合方法。需要的话，可以在主管道上增设在线混合器，减少在成品罐里需要再混合的时间。调合量通常可以做到 10~80m³/h，设备配置的工艺管道直径根据原材料进料量的大小，有小到 1″(25mm)的，如生产液压油、齿轮油、汽轮机油和变压器油等需要添加的消泡剂管道，也有大到 4″(100mm)和 6″(150mm)的主管道，各不相同。各种材料输送完以后，再用配方中的基础油进行管道的清洗，最后用压缩空气吹扫管道内的残留物，为下一批次的调合做好准备。

这种方法比较简单，灵活性也比较大，在同一台设备上可以调合出多种产品，是润滑油调配厂(LOBP)里经常采用的一种调合方法。同 ILB 相比，能够省略不少质量流量计和自动控制阀。缺点是在成品罐里还需要采用泵和喷射器进行较长时间的再混合，才能作为合格的产品进行灌装。因此能源消耗比较大，作业时间相对来说也要长一些。以下是这种方法的 P&ID 和现场的安装情况(图 1-2)，仅供参考。

SMB-1 的 P&ID

SMB-2 的 P&ID

图 1-2 SMB 在现场的安装情况

1.3 在线调合设备 ILB(In-Line Blending)

这是一种将配方中的基础油和添加剂以及桶装添加剂通过各自储罐和鸡尾酒罐的泵和管道上的气动开关球阀以及管汇上的质量流量计、流量控制阀和单向阀送入主管道，经主管道上的在线混合器混合以后，再由主管道上的加力泵和打猪管线将合格的产品输送到成品罐里的调合方法。如果需要加热，还可以在基础油的主管道上增设外置式加热器。

从理论上讲，经过 ILB 调合出来的产品可以直接进行灌装。ILB 是一种连续性很强的高效率的调合方法，调合精度比较高，调合量也相当大。调合完以后，只要用压缩空气吹扫，就可以为下一批次调合做准备。因此，在各行各业中应用十分广泛，譬如化工品、烃加工、涂料、油漆、饮料、消费品、制药等都会用到 ILB 进行大规模的生产，满足广大市场的需求。效率比较高的调合量在 30~100m^3/h，最小能调合到

8m³/h。设备配置的工艺管道直径根据原材料进料量的大小，各不相同，有小到 1/2″(15mm)的，如给矿物油或合成油添加的金属钛，也有大到 4″(100mm)和 6″(150mm)的主管道。缺点是设备配置比较复杂，产品也比较单一。以下是这种调合方法的 P&ID 和设备配置结构图以及 ILB 工艺动画示意图和在现场的安装情况(图 1-3、图 1-4)，仅供参考。

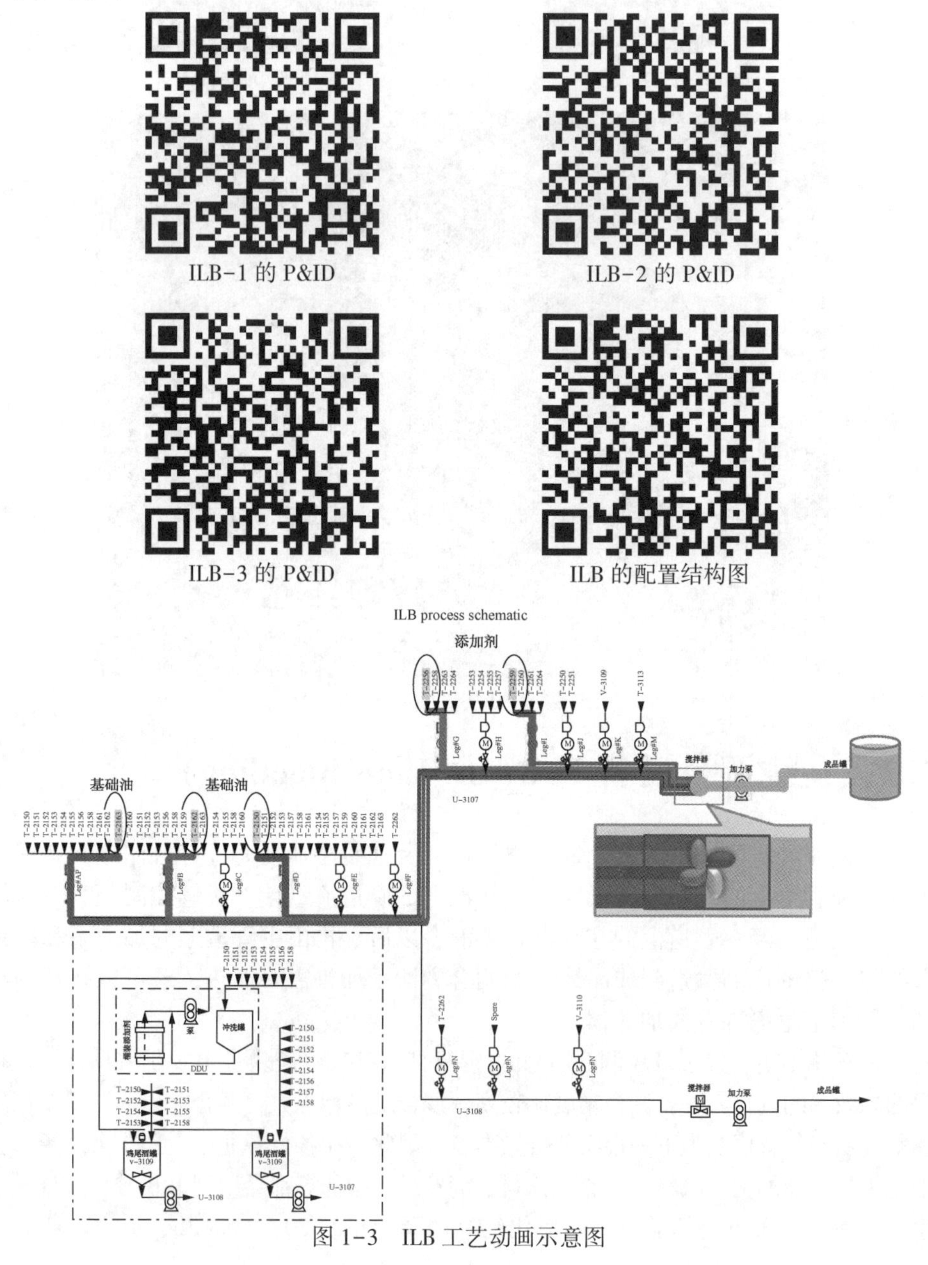

图 1-3　ILB 工艺动画示意图

图 1-4 ILB 在现场的安装情况

1.4 总结

以上是在生产润滑油行业中主要的调合设备，其特点和用途以及配置的内容，见表 1-1。

表 1-1 三种调合形式的对比

设备名称	BBV/ABB	SMB	ILB
调合容器	调合釜	调合管道	调合管道
调合产量	10~30t	10~80m^3/h	30~100m^3/h
进料方式	储罐泵和管道开关球阀/二级控制球阀	储罐泵和管道开关球阀/流量控制阀	储罐泵和管道开关球阀/流量控制阀
出料方式	釜底泵和打猪管线	加力泵和打猪管线	加力泵和打猪管线
加热方式	蒸汽外盘管或电伴热	电伴热或外设蒸汽加热器	外设蒸汽加热器或电伴热
搅拌方法	釜内搅拌器	储罐泵和喷嘴	在线搅拌器
计量方法	称重传感器	质量流量计	质量流量计

由此可见，一家生产润滑油的工厂要求做到的年生产能力即设计能力，基本上同调合设备的大小和多少台有关。譬如要想达到年产 200kt 即 200ML 润滑油的数量，就需要配置两台每小时生产 60m^3 主要产品如液压油和发动机油的 ILB 和 3 台每小时生产 30m^3 其他产品的 BBV/ABB。生产时间按照一天工作 8h，两班制，一年上班 230 天，并且调合设备 BBV/ABB 和 ILB 的设备综合效率即 OEE(Overall Equipment Efficiency) 分别按 52% 和 43% 来计算。当然这里已经充分考虑了众多的影响因素，如准备工作，休息时间，故障排除，等等。

第2章 辅助设备

2.1 桶抽提设备 DDU(Drum Decanting Unit)

DDU 的 P&ID

这是用来给 BBV/ABB 和鸡尾酒罐做配套的设备，将一些桶装添加剂采用基础油稀释后送入 BBV/ABB 和鸡尾酒罐，再进行调合和预混合。DDU 需要有烘箱作为配套，给桶装添加剂进行加热后，才能通过 DDU 加入上述调合和预混合设备里。以下是 DDU 的 P&ID 和设备配置结构图(图 2-1)以及在现场的安装情况(图 2-2)，仅供参考。

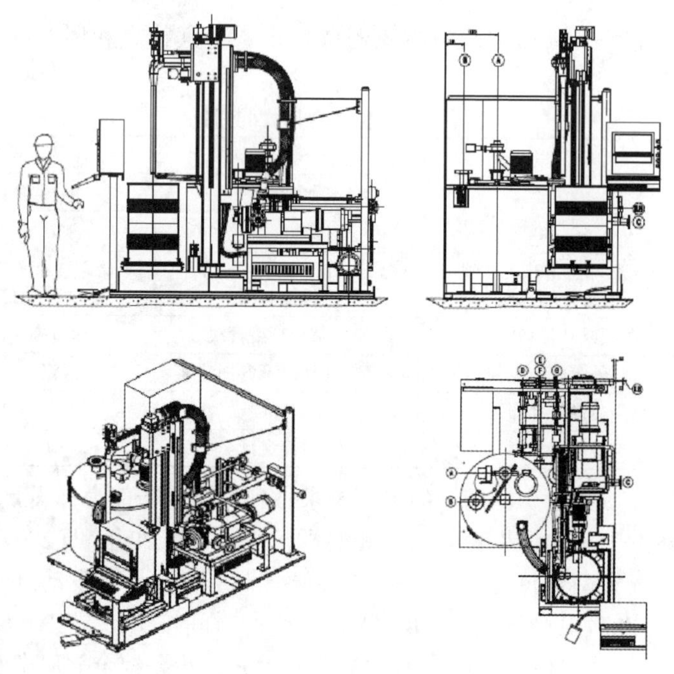

图 2-1　DDU 配置结构图

图 2-2 DDU 在现场的安装情况

2.2 倒罐设备(Cocktail Tank)

这是用来给 SMB 和 ILB 做配套的设备，给一些桶装添加剂进行预混合，也有叫鸡尾酒罐。与 BBV/ABB 差不多，只是没有从储罐来的添加剂进料管道和气动开关球阀，一次预混合量通常是 5t 和 10t 两种。如果想要节省设备用地或降低投资费用，可以采用 BBV/ABB 来替代鸡尾酒罐。以下是鸡尾酒罐和与 BBV/ABB 合用的 P&ID 以及鸡尾酒罐的配置结构图(图 2-3)和在现场的安装情况(图 2-4)，仅供参考。

鸡尾酒罐的 P&ID

BBV/ABB 和鸡尾酒罐合用的 P&ID

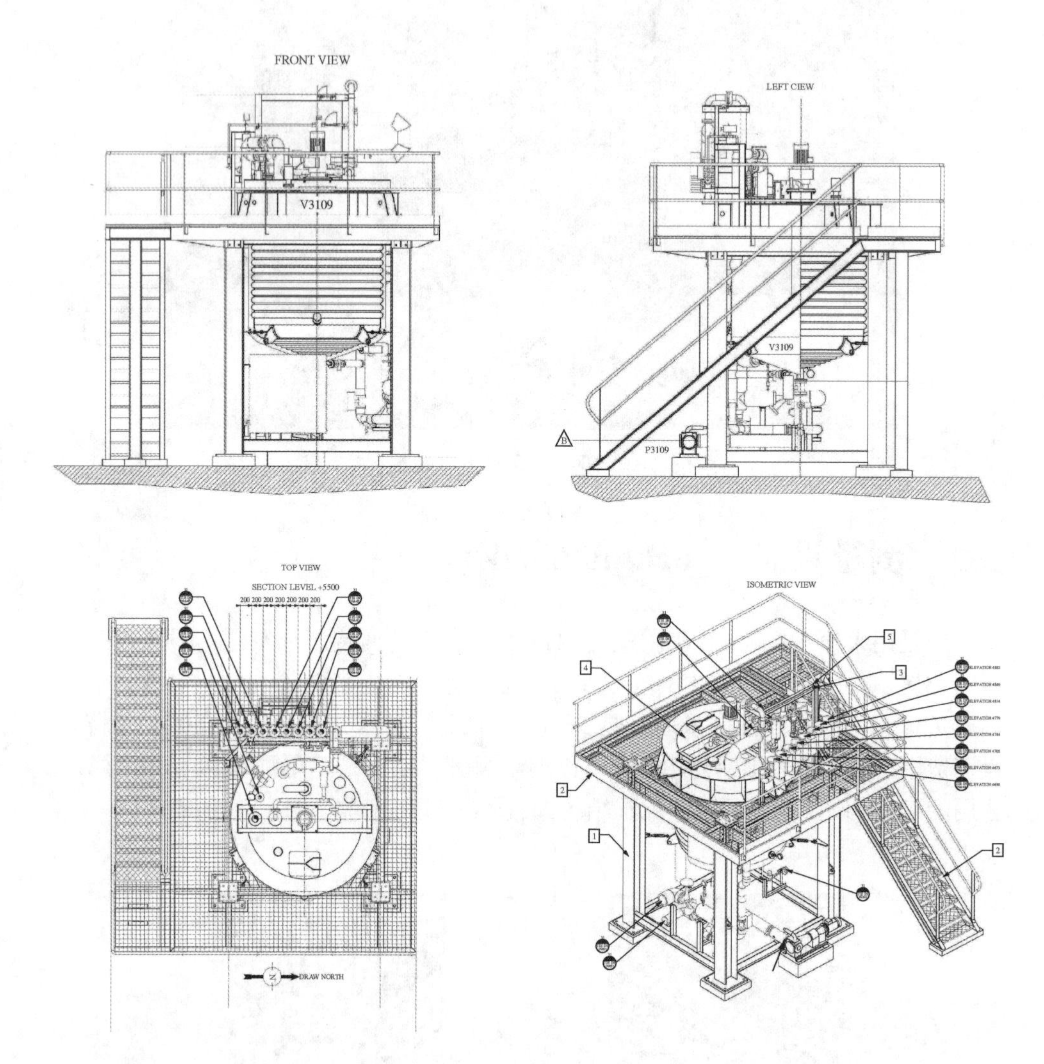

图 2-3 鸡尾酒罐配置结构图

图 2-4 鸡尾酒罐在现场的安装情况

2.3 黏度指数改善设备 VII(Viscosity Index Improver)

这是采用基础油通过高温加热来溶解一些块状添加剂的设备，如聚合物块。使用溶解釜底部装有内置式切削机的黏度指数改善设备，就不需要在外面再配置切碎机来粉碎块状物了，不过要在电机和切削机的连接部位设置一套冷却系统，降低由于大功率高速运转带来的高温。由于聚合物块是一种黏性很高的添加剂材料，采用外置式切碎机会对周围的环境造成比较大的污染，尤其是溶解釜入口处，飞溅的碎片会粘得到处都是，而且还不太好清理。

VII 的 P&ID

VII 的配置结构图

无论采用内置式切削机还是外置式切碎机的溶解釜，开机后噪声都相当大，都需要采取四周封闭的隔离间来安置设备，并采用升降机或叉车将块状物提升到设备入口处，才能要不像装有内置式切削机的溶解釜那样，直接把块状物投放到釜中；要不像配有外置式切碎机的溶解釜那样，把块状物粉碎后再投入釜里。以上是装有内置式切削机 20t VII 的 P&ID 和设备配置结构图以及以下是在现场的安装情况(图 2-5)，仅供参考。

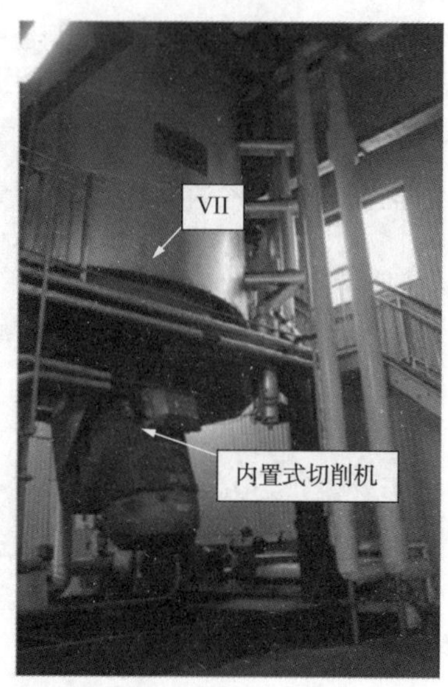

图 2-5　VII 在现场的安装情况

2.4　消泡剂稀释设备(Diluted Antifoam Solution)

这是用来消除某些工业润滑油如液压油、汽轮机油、齿轮油和变压器油在调合过程中出现泡沫的设备，由于添加的量很少，10^{-6}级，因此有的用手工添加，也有的用设备增加。如果是 SMB 和 ILB 调合系统，采用设备添加比较好，可以控制得更好，效果也更佳。它是使用易燃物溶剂油按照一定的比例来稀释含硅消泡剂，在现场要求有一定的消防设施和安全距离。以下是消泡剂稀释设备的 P&ID 和设备配置结构图以及在现场的安装情况(图 2-6)，仅供参考。

消泡剂稀释设备的 P&ID

消泡剂稀释设备的配置结构图

图 2-6 消泡剂稀释设备在现场的安装情况

2.5 染色体添加设备(Dyeing Injection System)

这是根据一些用户如生产发动机厂家的要求，给成品油添加一定的颜色，常见的有红色和绿色两种，方便厂家在使用过程中识别，不会出错。由于染色体对人体有一定的危害作用，因此要求保管比较严格，而且在使用环境中需要采取一定的强制通风。另外，染料所添加的量也是 10^{-6}级的，可以用手工操作，也可以用机械来完成。为了尽量避免着色后污染管道和设备，通常将染色体添加设备的接口放在管道上静态混合器的前面，并尽可能地靠近灌装线的入口处，灌装完以后便于冲洗，更换其他品种进行灌装。以下是染色体添加设备的 P&ID 和在现场的安装情况(图 2-7)，仅供参考。

染色体添加设备-1 的 P&ID

染色体添加设备-2 的 P&ID

图 2-7　染色体添加设备在现场的安装情况

2.6　自动打猪管汇设备(Automatic Pigged Manifold)

这是一种由收发猪器(HLDV)和其他打猪器(ILDV)组成的矩阵式管汇设备，主要用在调合和灌装系统上，是一种产品从调合到灌装实现全自动化生产的关键设备，也是一种比较容易产生泄漏或猪被卡住的设备，因此要求装配精度相当高，是润滑油调配厂(LOBP)中技术含量最高的设备。根据生产需要，它可以做成多个进出口的矩阵形式。通常矩阵式管汇设备四周都配有不同的收发猪器和管道进出口，一边是管道进口，对应另一边是收猪器；或者一边是管道出口，另一边对应的是发猪器。有立式的，也有卧式的，不过大型的矩阵式管汇设备都采用立式的，便于维修保养和现场操作，占的地方也少。

调合系统上全自动
矩阵式管汇设备的 P&ID

灌装系统上全自动
矩阵式管汇设备的 P&ID

全自动矩阵式管汇
设备的配置结构图

以上分别是在调合和灌装系统上采用的全自动矩阵式管汇设备的P&ID和设备配置结构图，以下分别是ABB在中国石化高桥厂安装的19进14出(19×14)(图2-8)和在浙江壳牌润滑油调配厂安装的16进6出(16×6)矩阵式管汇设备(图2-9)、FMC(现改为EMERSON)在江苏碧辟润滑油调配厂安装的19进5出(19×5)矩阵式管汇设备(图2-10)在现场的安装情况，仅供参考。

图2-8　ABB's管汇设备(19×14)在现场的安装情况

图2-9　ABB's管汇设备(16×6)在现场的安装情况

图 2-10 FMC's 管汇设备(19×5)在现场的安装情况

2.7 打猪设备(Pigged Elements)

打猪器是打猪管线上的配套设备，在润滑油行业里通常使用的口径有 3″(80mm)和 4″(100mm)。分收发猪器(HLDV)和在线打猪器(ILDV)，主要用在成品油管道上，是为了防止在同一条管线中输送多种产品出现交叉污染。另外，从码头上接收的基础油到储罐区也经常采用打猪系统，分别在打猪管线始末端两头装有发猪筒和收猪筒，显然也是为了防止多种原材料在同一管线上输送时产生的交叉污染。由于码头的卸料管线比较粗，常用的管径有 10″(250mm)和 12″(300mm)，因此也有采用普通无缝钢管而不是精密钢管作为打猪管线。采用普通无缝钢管，其焊接要求同精密钢管的一样，对接间隙和椭圆度都必须按照打猪管线的要求进行施工，并对管线内表面进行喷砂或来回用带磁片的猪进行去锈或去油污处理，使管线内表面呈现出比较干净的金属本色，再涂上基础油加以清洁保护，防止出现返锈和再次被污染。

成品油管线上收发猪器和
在线打猪器的 P&ID

码头卸料管线上
收发猪筒的 P&ID

不管是用在成品油管线上的收发猪器和在线打猪器，还是用在码头卸料管线上的收发猪器，都配有挡猪器和猪的检测器，通过它们可以清楚地知道猪到了哪里，在什么位置上。以上是成品油管线上收发猪器和在线打猪器的 P&ID、以下是动画示意图（图 2-11）和在现场的安装情况（图 2-12~图 2-14），以及码头卸料管线上收发猪器的 P&ID 和在现场的安装情况（图 2-15），仅供参考。

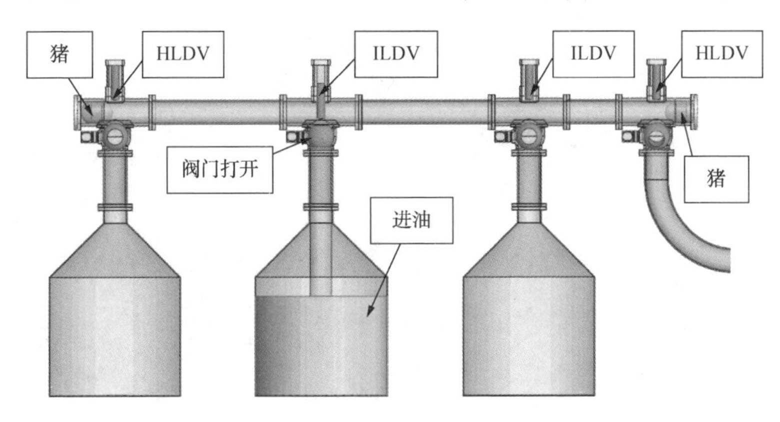

图 2-11　成品油管线上收发猪器和在线打猪器的动画示意图

图 2-12　成品油管线上发猪器（HLDV）在现场的安装情况

图 2-13　成品油管线上收猪器(HLDV)在现场的安装情况

图 2-14　成品油管线上在线打猪器(ILDV)在现场的安装情况

图 2-15 码头卸料管线上收发猪筒在现场的安装情况

2.8 总结

这些在润滑油生产过程中的工艺设备无论是调合设备还是辅助设备，主要由法国的 ABB 公司和美国的 FMC(现改为 EMERSON)公司提供。当然有些调合釜如 BBV/ABB 和鸡尾酒罐在他们的许可或提供设备图纸的情况下，可以在国内生产，譬如曾经给浙江壳牌工厂做过调合釜的无锡南泉压力容器有限公司就可以承担这方面的生产任务。另外，码头打猪管线始末端的收发猪筒，根据图纸也可以在国内制作，譬如上海创沐工业技术有限公司就能生产这方面的设备。

ABB 公司和 FMC(现改为 EMERSON)公司不仅能够提供成套设备，还可以提供满足生产需要的自动化控制系统和操作程序的设计，他们各有所长，包括所提供的成套设备和自动化控制系统。从本人所经历过的在浙江壳牌和江苏碧辟做润滑油项目的经验来看，这两家都是专业性比较强的供应商，不仅所提供的成套设备和自动化控制系统十分可靠，而且现场服务包括安装、测试、调试和试运行以及售后服务也都相当到位。如果想采用国内制作的这些润滑油生产的调合设备和辅助设备，可以参考书中北京威浦实信科技有限公司关于主要产品和控制系统的广告，这是目前来讲在国内做得最好的公司。

以下是 ABB 公司生产润滑油自动化控制系统的软硬件配置图以及操作菜单和界面即 HMI(Human Machine Interface)(图 2-16~图 2-19)，仅供参考。

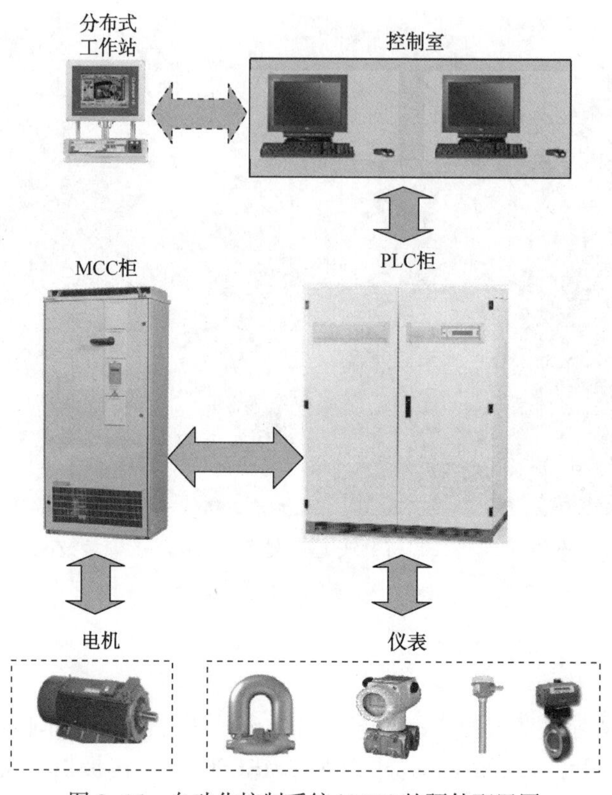

图 2-16 自动化控制系统(DCS)的硬件配置图

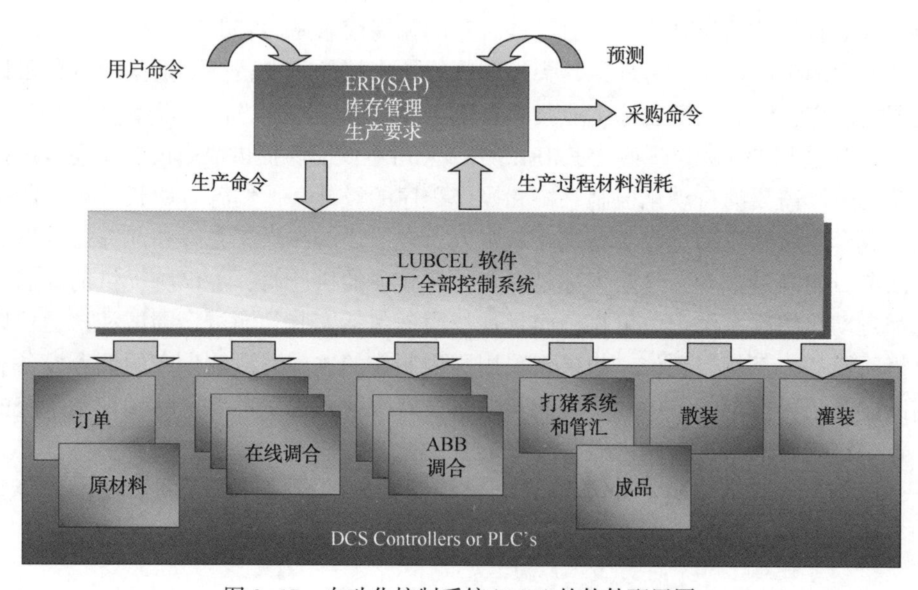

图 2-17 自动化控制系统(DCS)的软件配置图

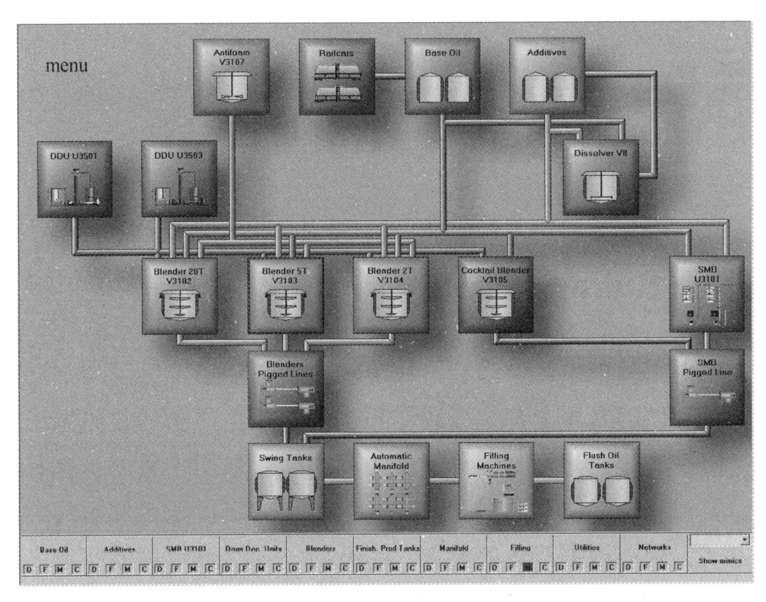

图 2-18 自动化控制系统(DCS)的操作菜单

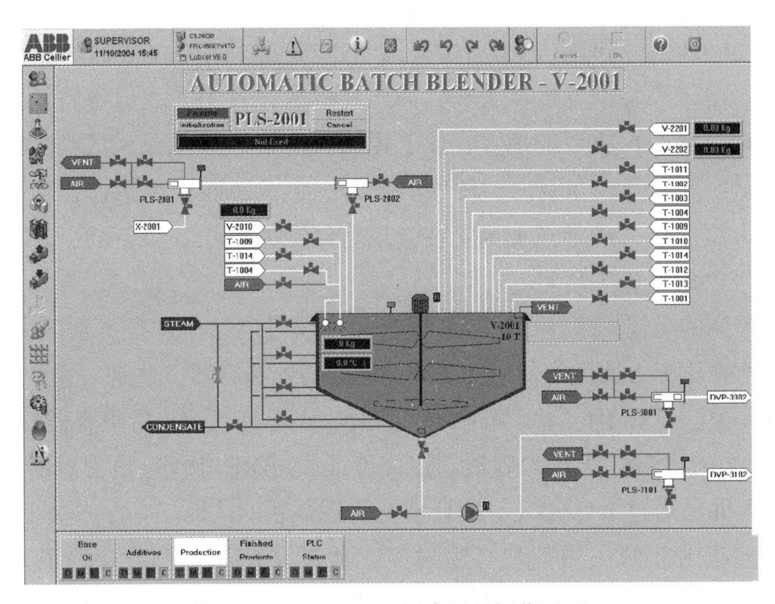

图 2-19 BBV/ABB 调合釜的操作界面

第3章 其他设备

3.1 储罐(Storage Tank)

在润滑油生产过程中，储罐有三种形式：基础油储罐、添加剂储罐和成品油储罐。这三种储罐基本上都是专罐专用，配有独立的泵和管路系统。基础油储罐通常采用平底罐，添加剂储罐和成品油储罐有采用平底的，也有采用锥底的，根据需要和利用率以及原料和产品的特性来决定。至于储罐的大小、个数以及进料方式，则应根据产量的要求、品种的多少以及运输的状况来考虑。我参与过的润滑油项目建设，储罐容积有大到6000m^3的基础油储罐，也有小到10m^3的成品油储罐。基础油储罐一般采用码头卸油管线进料，管径通常为250mm和300mm，同时也有添加槽车卸料的配置，而添加剂储罐则采用槽车加热卸料。由于添加剂黏度比较高，因此在罐区布置上，一般都将添加剂储罐布置在离调合车间比较近的地方，便于原材料的输送和保温。成品油储罐如果小于100m^3，可以安装在室内，还可以采用一个钢筋混凝土平台作为储罐和泵的基础。大型储罐一般都在现场安装，小型储罐如100m^3以下的，在工厂制作比较好，可以保证施工质量。

前面提到的无锡南泉压力容器有限公司不仅可以制作各种类别的小型储罐，还可以生产在化工方面经常使用的各种类型的塔器和容器。这是一家专门生产压力容器的厂家，具有D1、D2类压力容器设计许可证，A1(高压容器)和A2(第III类低压、中压容器)类压力容器制造许可证，ASME(U印)压力容器设计、制造许可证，并已通过ISO 9001—2000质量管理体系的认证。

所有储罐内部的一侧都装有喷射器，通过泵使原料和产品得到均匀的循环，便于更好地调合和灌装。带裙座的锥底成品罐(或称为Swing Tank)在罐内顶部还设有旋转喷头，用基础油清洗储罐后，可以更换其他品种。无论在现场安装储罐还是在工厂制作储罐，罐内表面都需要进行喷砂或去污处理，清洁后的储罐内表面要涂上基础油加以保护，避免由于接触空气出现再次氧化生锈，并在封闭人孔盖时需要进罐仔细检查，没有任何遗留物和配置都符合要求后才能投入使用。以下是这三种储罐的 P&ID 和在现场的安装情况(图 3-1)，仅供参考。

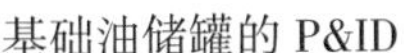
基础油储罐的 P&ID

添加剂储罐的 P&ID

两种形式成品油储罐的 P&ID

图 3-1 各种储罐在现场的安装情况

3.2 容积泵(Positive Displacement Pump)

在润滑油生产过程中，有以下几种常见的容积泵。

1. 齿轮泵(Gear Pump)

这种容积泵在润滑油生产中应用相当广泛，主要用在基础油和添加剂储罐的输液上，也有用在成品油储罐的输液上，全部都是专罐专用，一台储罐一台泵。调合设备如 BBV/SMB/ILB 的釜底泵和加力泵也是如此，采用的都是齿轮容积泵，并且还是一台设备一台泵，用量相当大。这种泵的最大特点是自吸能力强，抗干扰程度高，非常适合各种黏度变化和流量变化的工况。因此，威肯

(VIKING)齿轮泵有以下几项明显的特点：

(1) 可以在曲线任意点上运行：

在全部转速范围内保持高效运行；

流量在很大程度上不受压力变化的约束。

(2) 密封件和轴承寿命长：

一般运行转速为 17~1750r/min，这样可以延长密封件和轴承的使用寿命。

(3) 低剪切：

已记录的剪切率可以参考选择适当的泵和速度来对剪切敏感的液体进行保护。

(4) 低汽蚀余量：

可以提升自吸能力，处理易于闪蒸的液体，并能够从真空罐中抽取液体。

(5) 流量与转速成正比：

流量与转速的变化关系为优异的计量能力提供了简单的控制方式。

(6) 可以处理各种黏度流体：

可以处理 1~440000cSt 的流体；

特殊配置可以达到 1000000cSt。

(7) 维护简便：

不需要从管道上拆下泵就可以完成密封件、端盖和齿轮的更换。

(8) 自吸能力强：

泵位于液面以上也能抽吸；

一些威肯泵的吸上高度可以达到 6m。

(9) 双向运转：

同一台泵可以实现装车和卸车操作或管路清扫。

基础油储罐的泵，流量一般在 50~80m^3/h；添加剂储罐的泵，流量一般在 10~15m^3/h；而调合设备的泵，流量一般在 40~65m^3/h 不等；当然还有更大流量的，如用在 ILB 上的加力泵。由于调合设备采用全自动阀门控制，流量变化比较大，基础油用量也比较多，因此储罐的泵，通常采用变频器(VFD)，不仅节省能源，而且运行也比较平稳。壳牌和碧辟工厂基本上都使用威肯齿轮泵作为动力泵。

威肯母公司艺达思(IDEX)集团于 2016 年在苏州相城独资购地建厂，已成为其在亚太地区最大的生产和服务基地，在降低成本的同时，最大化满足客户需求：优质、高效、安全和快捷。以下是威肯泵的配置结构图和两种形式泵的外形尺寸图以及在现场的应用情况(图 3-2~图 3-6)，仅供参考。

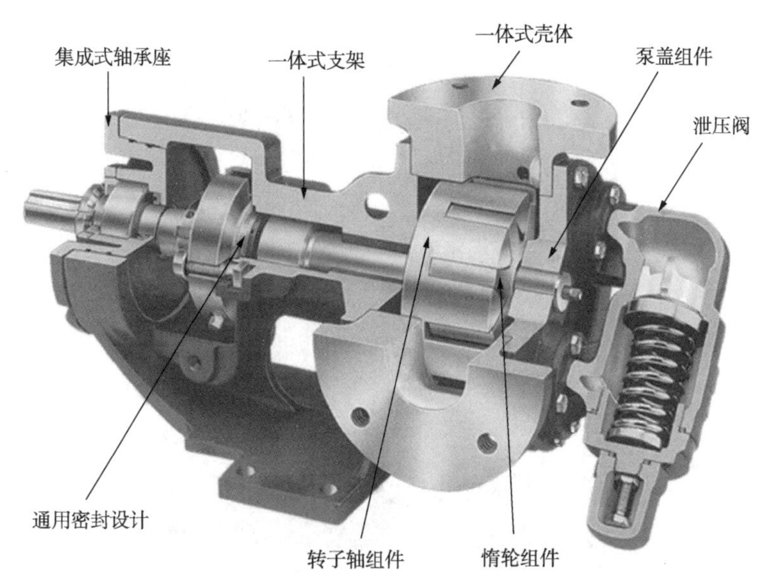

图 3-2 威肯齿轮泵的配置结构图

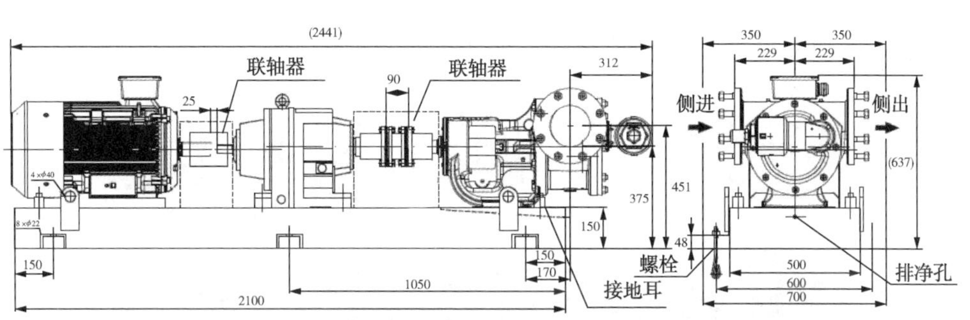

图 3-3 侧进侧出威肯齿轮泵的外形尺寸图

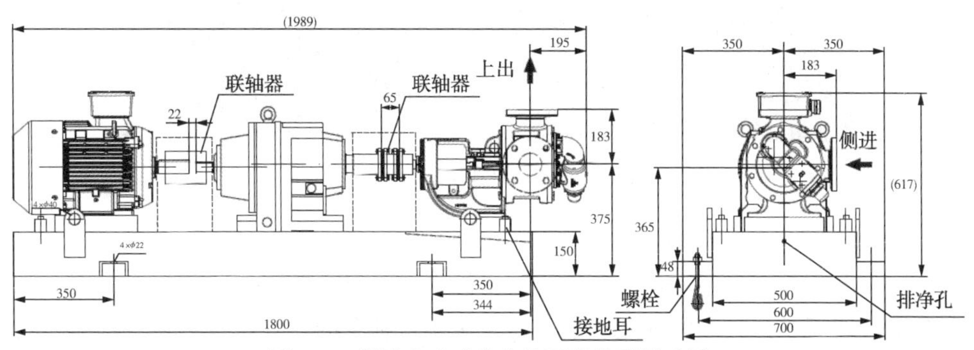

图 3-4 侧进上出威肯齿轮泵的外形尺寸图

图 3-5 侧进上出齿轮泵在罐区中的应用情况

图 3-6 侧进侧出齿轮泵在 ILB 装置上的应用情况

2. 滑片泵(Sliding Vane Pump)

这种容积泵也常用在成品油储罐的输液上，流量一般在 25~40m^3/h，对于小包装灌装线要求比较高的灌装精度来讲，采用这种泵的形式比较合适，即排量比较稳定。无论是使用齿轮泵还是滑片泵，都要求泵的流量能够满足一条灌装线的最大灌装量。由于灌装时流量会出现比较大的变化，因此通常也采用变频器(VFD)来满足灌装要求。和其他容积泵不一样，PLENTY滑片泵除了装有内置式安全阀外，还有外置式安全阀，可以省去在管道上另外再设置安全阀的做法。除此之外，PLENTY滑片泵还有以下几项显著的特点：

(1) 同传统的叶片泵设计技术相比，PLENTY泵的输送原理具备更小的磨损和更低的维护保养。

(2) 泵的标准设置适合黏度从30~350000ssu变化(要求更高的黏度，需要同厂家联系)。

(3) 通过日常维护保养，耐用的轴承配置和坚固的泵壳构造设计使泵具有更长的使用寿命。

(4) 较低的NPSH(Net Positive Suction Head)特性。

(5) 除了比较长的使用寿命外，均匀的泵送动作还有一个非常低的剪切速率，能够明显地减少甚至消除泵在输送液体中出现的乳化现象。

(6) 噪声很低，满足现场运行人员对环境的要求。

(7) 高效的输送量，能降低运行费用。

(8) 自排系统没有任何残留量，对于安装用来输送多种产品，不存在任何交叉污染。

(9) 不同于一些其他滑片泵，PLENTY泵的叶片总成能够使泵在高黏度状况下正常运行，而且仍然维持在高效率区。

(10) 机械密封遵照DIN 24960标准尺寸，因此可以适合大多数品牌的机械密封。

(11) 泵还可以设置夹套，采用导热油或蒸汽进行加热(如果采用电伴热就不存在夹套了)。

(12) 2000系列泵的大部分配件如转子和叶片都可以互换。

(13) 所有G2000的泵都有内置安全阀，超压可以保护泵。

(14) 符合API 676标准，炼油厂要求的规格型号和用户特殊的要求都可以满足。

在壳牌润滑油调配厂，基本上都采用PLENTY滑片泵作为成品油储罐的输送泵。上海良帛机电设备有限公司曾经给浙江壳牌提供过这种形式的容积泵，效果一直很好，免维护保养，使用寿命也相当长。以下是PLENTY滑片泵的配置结构图和外形尺寸图以及在现场的安装情况(图3-7~图3-9)，仅供参考。

图 3-7　PLENTY 滑片泵的配置结构图

泵的尺寸	10	20	40	100	250	350	500	标准美标法兰
吸入端	2″	3″	4″	6″	10″	12″	14″	铸铁-ANSI 125FF and 250FF.
排出端	2″	3″	4″	6″	8″	10″	12″	碳钢-ANSI 150RF and 300RF.

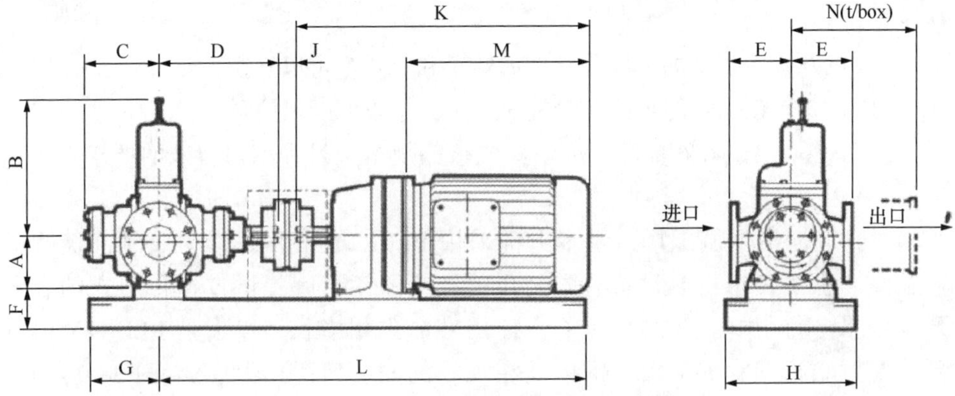

图 3-8　PLENTY 滑片泵的外形尺寸图

图 3-9　带双安全阀的滑片泵在现场的安装情况

3. 计量泵(Dosing Pump/Metering Pump)

这种容积泵在润滑油调配厂(LOBP)主要用在微量成分 10^{-6}级的添加上，如着色剂和消泡剂，常用这种泵的形式有螺杆泵和活塞泵，流量一般在 30~60L/h，也有小到 0.2~1.0L/h。上海良帛机电设备有限公司代理的品牌有 SPX 集团旗下的布朗卢比(BRAN LUEBBE)计量泵，全部采用模块式即积木式组合结构，灵活多变，最多可单电机驱动 12 个泵头。按组合方式还可以分为立式和卧式，满足不同场合的需求。独特的偏心 Z 形块调节冲程长度，可以采用手动、气动和电动来调节。Z 形块的结构调节计量精度高，小于等于 0.5%。分为柱塞泵和液压隔膜泵，符合 AP 1675 规范要求。更多的信息可以参考上海良帛机电设备有限公司提供的《B+L 计量泵》的资料。以下是这两种计量泵的配置结构图和在现场的使用情况(图 3-10~图 3-12)，仅供参考。

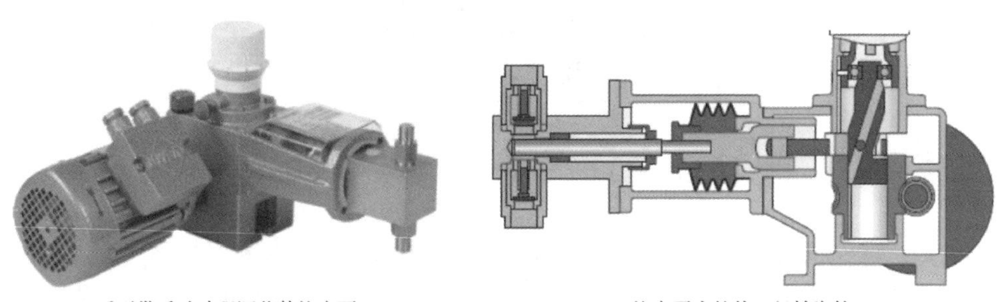

图 3-10　柱塞泵的配置结构图(NOVADOS 系列柱塞泵)

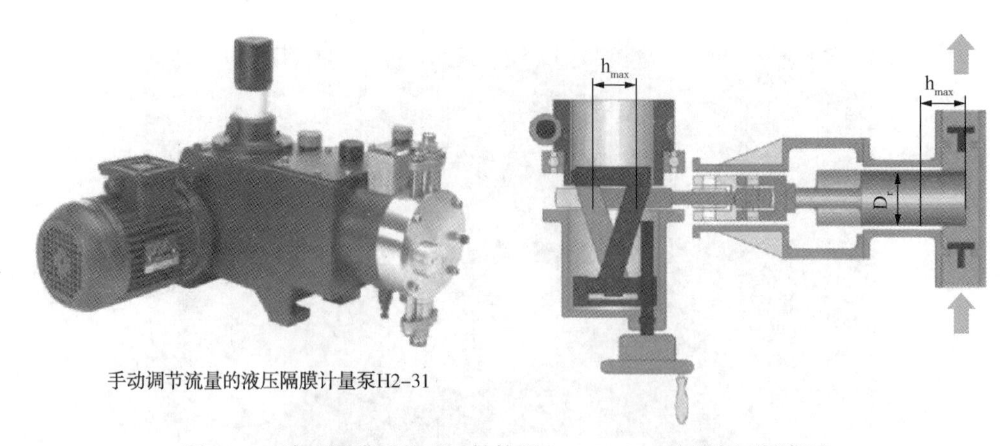

图 3-11 液压隔膜泵的配置结构图(NOVADOS 系列液压隔膜泵)

图 3-12 计量泵在现场的使用情况

3.3 加热器(Heater)

加热器在润滑油行业中应用也十分广泛，不仅黏度高的物料在储存和运输中需要加热，在调合过程中也要进行加热，比较常见的加热器有以下几种。

1. 盘管加热器(Coil Heater)

这种加热器分内盘管和外盘管两种，基础油和添加剂储罐采用内盘管加热器，而成品油储罐和调合釜通常采用外盘半管加热器，是为了防止蒸汽万一泄漏造成产品污染。如果在添加剂储罐使用内盘管加热器，要特别小心，一般采取加厚管壁的无缝钢管来制作盘管比较好，而且焊缝要求做100%的无损检测(NDT)，否则蒸汽会泄漏造成存储的添加剂被污染，带来不必要的损失。这种加热器可以在现场制作，也可以在工厂加工成型后运到现场来安装，成本费用比较低。如果采用外盘半管加热器，一般在工厂加工比较好，可以保证制作质量，譬如曾经给浙江壳牌工厂做过调合釜的无锡南泉压力容器有限公司在这方面就做得很好。

2. 管壳式换热器(Shell & Tube Heat Exchanger)

这种加热器可以作为添加剂储罐出口加热器，也可以把要加热的物料从储罐里用泵输送出来后，作为外置式加热器进行加热，如前面提到的SMB和ILB调合设备设置的外置式加热器。热效率比较高，操作也很方便。如果作为添加剂储罐出口加热器，要使两种热交换介质不存在相互混合的话，采用风凯换热器制造(常州)有限公司(简称FUNKE公司)生产的安全型换热器比较可靠。它可以描述为两台换热器“合二为一”，双管壁的结构设计代替了单管壁，可以有效避免两种不同介质的混合。在两层管壁之间充有分隔液(可适用于食品行业)，该分隔液在传递热量的过程中和补偿装置以及压力控制器相连，当管壁存在穿孔泄漏时，流体的压力会通过分隔液迅速传递给压力控制器，同时切换电控转换阀。当显示泄漏之后，报警系统运行或换热器停止工作，这要取决于系统的设定。图3-13~图3-15是安全型换热器在储罐上作为出口加热器的安装和结构示意图以及安全型换热器的图示说明和在现场的应用情况，仅供参考。

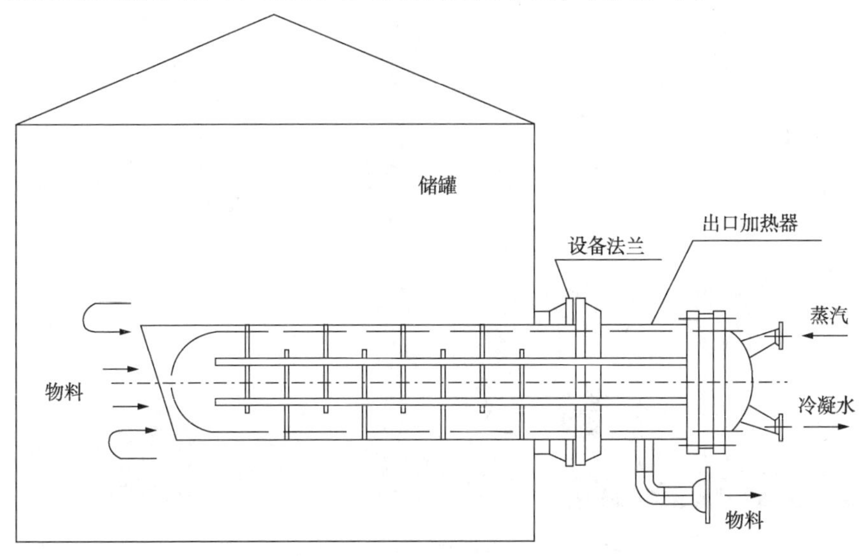

图3-13 出口加热器在储罐上的安装和结构示意图

双管板双换热管换热器(安全型换热器)

(FUNKE专利产品)

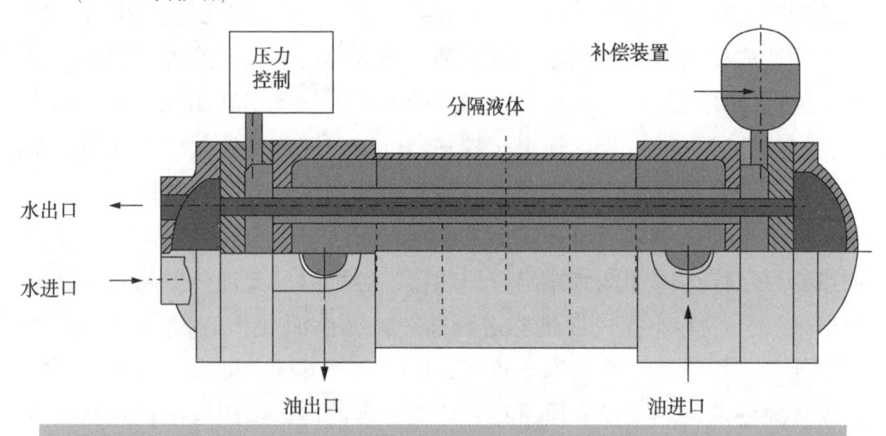

运用领域:
安全型换热器应用的场合，绝对不允许两种或多种操作流体的泄漏或混合的工况。

· 一旦泄漏，会发出报警，两种介质不会混合，并且还可以继续使用，不需要工厂立即停车。

图 3-14　安全型换热器的图示说明

图 3-15　管壳式换热器在现场的应用情况

3. 外环板换热器(Inflated Clamp-on Heater)

这种加热器传热板表面是由一片或一组的单面或双面模鼓成型并焊接封闭的双金属板片 CHEMEQUIP PLATECOIL™组成。双金属板片间鼓起的封闭通道可以流通蒸汽或热水等加热介质对外侧的冷介质进行热交换。由于双金属板片可以制作成几乎任何形状，所以 CHEMEQUIP PLATECOIL™传热板表面加热器可以根据实际加热要求设计成型，传热应用具有很大的灵活性，非常适合于蒸汽-液体、蒸汽-气体、液体-液体的加热工况。

在石化工业中主要以外环板式弧形板加热器与插入式加热器为主。在润滑油行业也是如此，特别在壳牌润滑油调配厂的添加剂储罐加热和保温上，应用相当广泛。通过导热泥将 CHEMEQUIP PLATECOIL™传热板紧贴在罐壁上，不仅传热效率高，结构紧凑，安装方便，而且运行也十分安全，通过 RTD 温控系统，不会出现水击或水锤现象。这种外环板换热器在壳牌乍浦工厂已经运行了十年以上，没有出现过任何质量问题，也不需要进行任何维护保养。

平时采用外环板换热器进行保温，当需要出料调合润滑油时，再通过插入式加热器进行局部快速加热，不仅加热效果好，而且节省加热时间，可以及时有效地进行润滑油调合生产，该产品的制造商是上海镐渭工业技术有限公司。以下是外环板换热器在生产车间的装配和试压情景(图 3-16)，以及在现场的安装情况(图 3-17)，仅供参考。

图 3-16 外环板换热器在生产车间的装配和试压情景

图 3-17 外环板换热器在现场的安装情况

4. 螺旋板换热器(Spiral Heat Fxchanger)

螺旋板换热器在润滑油行业中的用途就如前面在介绍 ILB 调合工艺时讲到的那样，可以作为给基础油加热的外置式加热器，生产厂家有阿法拉伐。

螺旋板换热器是一种圆筒形设备，具有两个同心螺旋流体通道，每个通道通过一种流体。不同的介质流在这两个通道中逆向流动，不存在相混的风险。一种流体从设备的中心流向外侧，而另一种流体是从外侧流向中心。通道均为弧形，且横截面相同。流体通道通常是一边开放，另一边封闭。而加热与冷却介质通道有时两边均封闭，具体取决于加热与冷却介质的清洁度。每个通道都有两个接口，一个位于换热器中心位置，另一个位于换热器外缘，如图 3-18 所示。

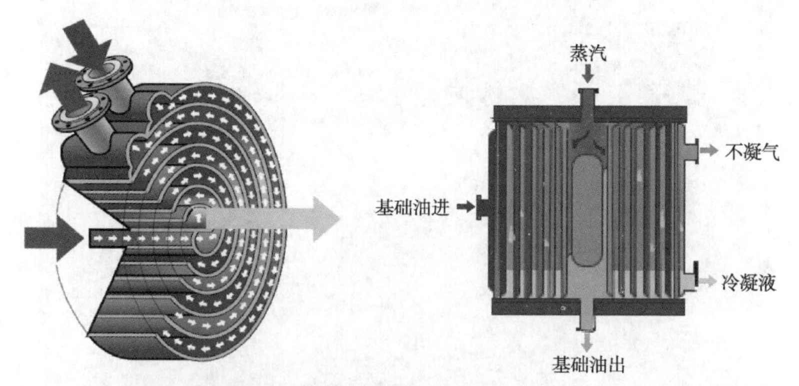

图 3-18 螺旋板换热器加热工作原理图

螺旋板换热器的设计特别适合用于可能导致结垢的流体。螺旋板换热器采用单通道结构，可产生湍流和较高的剪切力，大大降低了结垢倾向，使螺旋板换热器在很大程度上实现了“自清洁”。如果螺旋板换热器的换热通道中开始出现结垢，那么通道中结垢部位的横截面积会减小，即通道变窄。但由于整个流体仍必须流经通道，那么当流体到达较窄部分时就会产生更高的局部流速，从而产生冲刷作用，冲走形成的所有沉积物。另一个重要的抗结垢因素是湍流。湍流产生的原因是螺旋流动的流体和连续曲线路径，在流动过程中形成湍流。

另外，螺旋板换热器换热效率比较高，结构也很紧凑，是一种十分理想的加热器。以下是螺旋板换热器的结构示意图（图3-19）和在现场的安装情况（图3-20），仅供参考。

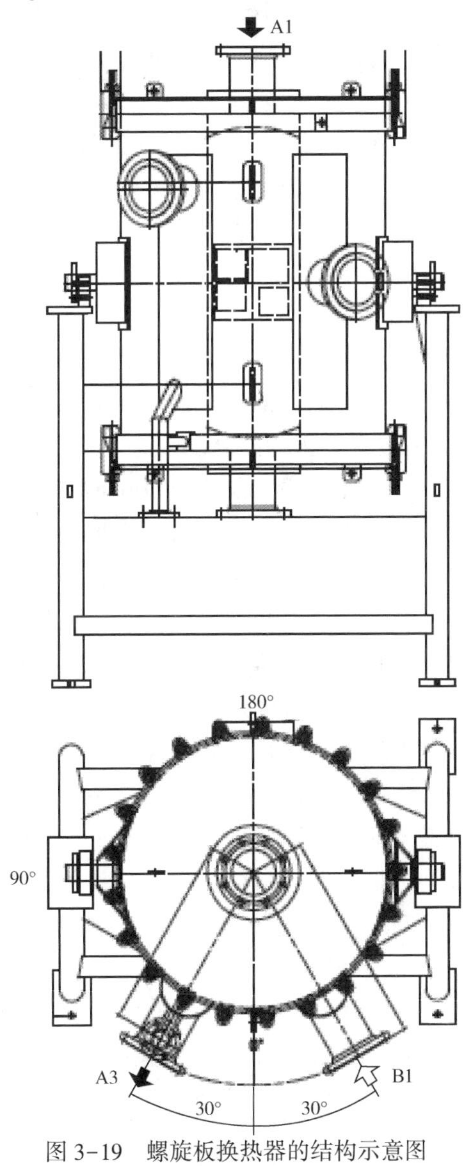

图3-19 螺旋板换热器的结构示意图

图 3-20　螺旋板换热器在现场的安装情况

5. 板式换热器(Plate & Frame Heat Exchanger)

这种加热器曾经在浙江壳牌工厂里用来给基础油加热降低其含水量，因为基础油通常都是船运过来进储罐的，含水的可能性比较大。由于这种加热器体积小，加热效果也不错，因此很合适安装在储罐前面的泵出口，通过泵的循环和加热使油品中的水分不断得到蒸发，从而将水蒸气经过储罐顶部的呼吸阀排到大气中去。如果需要加快脱水过程的话，可以在储罐顶上安装一台引风机将罐内的蒸汽排出去，不过这样做要特别注意，因为储罐设计的最大真空度只有 200mmH_2O，使用不当会造成严重的后果。然后再将处理好的基础油泵送到其他储罐里进行存放，等待调合，腾出来的储罐再做下一批基础油的处理。要是通过在储罐内存放一段时间，能够使基础油中的含水由于重力作用沉淀下来，并经过底部积水坑和排放管道定期排放的话，就不需要进行这种加热循环处理了。

当然也可以采用类似于真空脱水器这样的方法来进行基础油中微量水分的处理，不过设备比较大，造价相对来讲也要高一些。脱水是生产润滑油行业中一项相当重要的工作，尤其是生产品质比较高的润滑油，加强储罐日常的排水操作或者采取必要的强制脱水方法都是非常有效的做法。

阿法拉伐是世界上最大的板式换热器制造商，这种板式换热器包含一系列呈波纹状的薄形板，这些换热板通过密封垫片或者焊接的方式连接在一起(或是采用组合方式)。连接方式不仅取决于流体性质，还取决于以后是否要拆卸板片等因素。换热板片放在一个坚固的框架内用力压紧，形成平行流通道布局，一种流体流过奇数通道，而另外一种流体流经偶数通道。以下是这种加热器的尺寸结构图(图 3-21)和在现场的使用情况(图 3-22)，仅供参考。

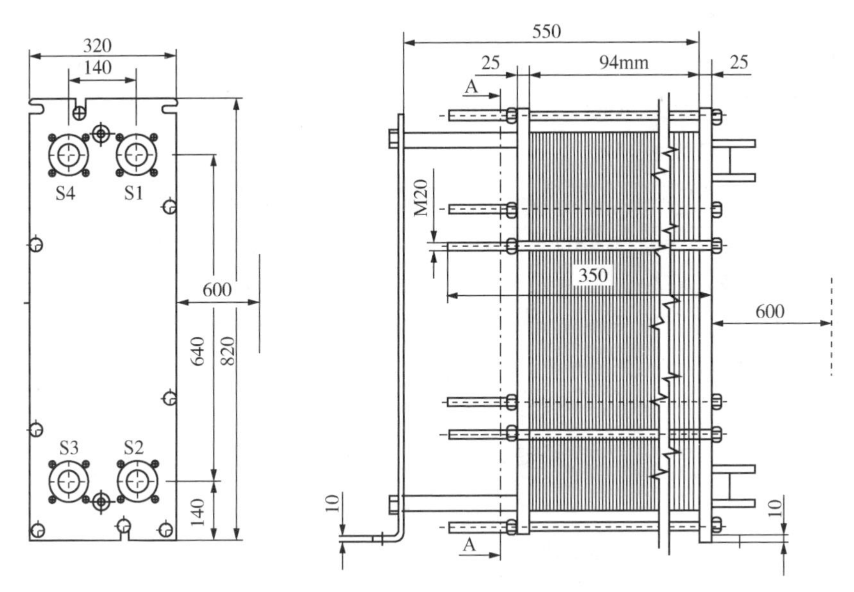

图 3-21 板式换热器的尺寸结构图

图 3-22 板式换热器在现场的使用情况

6. 电伴热(Electrial Heat Tracing)

除了以上加热器使用蒸汽加热外，还有一种加热方法就是采用电加热，通常用来给管道和调合设备如 BBV/ABB 加热，也有给一些储罐加热。在润滑油行业中一般给沿途的添加剂管道加热和保温，也有给调合设备如 SMB 和 ILB 的主管道加热和保温，应用十分广泛，效果也非常好。电伴热是一项专业性很强的工作，一般都由提供电伴热的专业公司或经销商来进行设计和施工。在润滑油调配厂(LOBP)用得比较好的品牌是瑞侃(Raychem)，无故障，免维修，装上以后可以放心地使用，是一种比较有效和可靠的加热方法，国内经销商有上海蓝申仪表有限公司。

瑞侃作为自控伴热电缆的发明者，自 1971 年以来，在工业应用电伴热系统领域一直处于领先地位。至今已有超过 2 亿 5 千万米的瑞侃电伴热线在 100 多个国家成功使用，占全球 70%的市场份额。在中国，瑞侃产品在石化、化工、油田和电厂等行业已有 20 多年历史的应用，并享有良好的声誉。在电伴热集成系统的制造、工程、施工和调试等方面，瑞侃拥有广泛的经验。以下是瑞侃电伴热的配置示意图(图 3-23)和在现场安装的示意图(图 3-24)，仅供参考。

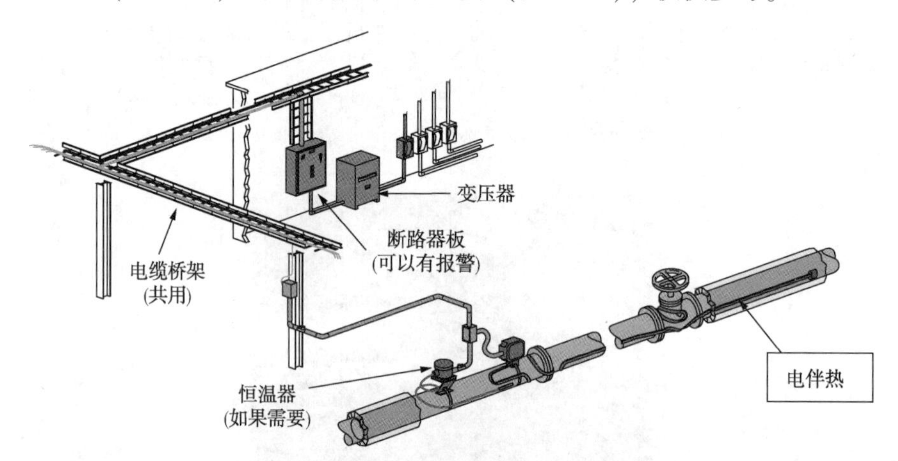

图 3-23 瑞侃电伴热的配置示意图

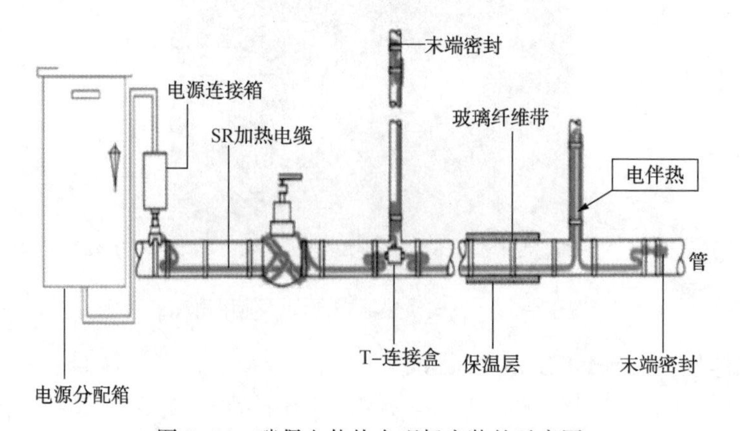

图 3-24 瑞侃电伴热在现场安装的示意图

3.4 管道(Pipe Lines)

1. 打猪管线(Piggable Lines)

打猪管线有碳钢的，也有不锈钢的，在润滑油行业中采用碳钢的比较多，经过一定的加工处理成为专用的精密钢管或叫打猪管线，它和前面介绍的打猪器配套使用。以前主要靠进口，现在江苏英耐斯机械制造有限公司生产的打猪管线包括法兰、弯头和套管完全可以替代进口，并且已和FMC(现改为EMERSON)一起进军国际市场。

打猪管线在现场施工要求比较高，由于猪在管道内经常来回运动，清扫管道，更换品种，因此管道之间的焊接间隙和椭圆度的控制要求都很严格，决不容许管道内有任何突起物，使得猪在日常的工作中出现过多的损伤和消耗。同时，对于打猪管线的拐弯半径和管线的固定以及走向也都有相应的要求，否则不是管线清理不干净，造成积液，出现交叉污染，就是猪被卡在管道里或管线出现震动和位移等异常现象，详细要求可以进一步参照FMC(现改为EMERSON)的《General Recommendation for Components of Piggable Lines》。以下介绍的是江苏英耐斯机械制造有限公司精密管线整个生产流程(图3-25~图3-31)和打猪管线产品(图3-32)，仅供参考。

图3-25 第一步表面处理

图3-26 第二步冷拔线

图3-27 第三步矫直线

图3-28 第四步热处理线

图 3-29 第五步检验试验

图 3-30 第六步机加线

图 3-31 第七步刮削滚光机

图 3-32 最终产品打猪管线

2. 普通无缝钢管(Seamless Steel Tube)

除了打猪管线，工艺上的其他管道基本上都采用普通无缝钢管，当然也有不锈钢和碳钢两种。在润滑油行业中使用的都是碳钢无缝钢管，施工方便，造价也低。不过所有的普通无缝钢管在安装前都要进行内壁喷砂除锈和清洁处理，管径比较小的无缝钢管可以采用钢丝球在管道内来回进行清理，管径比较大的可以在管道内采用喷砂来处理，处理后的无缝钢管采用基础油进行涂抹和加管帽予以保护，避免在施工中出现再次返锈和杂物进入到管道内，影响投产后的产品质量。

普通无缝钢管施工完以后，按照规定需要做耐压测试，一般是设计压力的1.5倍，经有关部门检查后方能投入使用。当然可以采用油压、水压和气压来测试，不过最安全也是最经济的方法是采用水压来测试，水放净后，再用压缩空气吹扫，减少管道内水的残留量。

3.5 管道附件(Piping Accessories)

1. 金属软管/波纹补偿器(Metal Hose/Corrugated Compensator)

主要用在管道和固定设备的连接上，譬如和储罐连接、和调合釜连接以及和泵连接等，是为了防止由于泵的震动或发生意外情况时给固定设备带来不必要的损害，尤其是大型设备基础油储罐的沉降，会造成大量物料的泄漏。因此，金属软管在应用上要加以小心，除了选用比较好的供应商以外，还要在使用过程中定期对金属软管进行外观检查和耐压测试，防止由于老化或破损出现的泄漏现象。上海创沐工业技术有限公司不仅可以提供优质的金属软管，还可以提供适合各种变化的波纹补偿器，选择性比较大。图3-33是金属软管在现场的使用情况，仅供参考。

图3-33 金属软管在现场的使用情况

2. 复合软管/快装接头(Composite Hose/Quick Coupling)

主要用在槽车卸车上，除了添加剂储罐全部采用槽车卸车外，现[illegible]润滑油调配厂(LOBP)的基础油储罐采用船运卸料的同时还增设[illegible]基础油进料变得更加灵活和可靠，不单一依靠船运进料，也有利[illegible]单要求及时安排生产润滑油，满足更广泛的市场需求。因此，复合[illegible]调配厂(LOBP)里应用就显得相当普遍，比起以往使用耐油钢丝编制[illegible]讲，不仅轻快，而且柔软性也好，很适合各种工况下的应用。上海创[illegible]有限公司在供应复合软管的同时，还可以配套提供快装接头。图3-34[illegible]管在现场的安装情况，仅供参考。

3. 清管球/清扫猪(Pigging Ball/Cleaning Pig)

主要用在大口径管道和不同口径的打猪管线上，用来清扫管道。清管球[illegible]磁性和不带磁性两种，带磁性的可以检测到清管球在管道内的位置，特别是码[illegible]卸船管线，通常管径在*DN*250~300，距离有2~5km长，沿途情况又比较复杂[illegible]因此，一旦被卡住，就可以测量到它的位置。根据不同用途，清管球可以有多种[illegible]选择，如海绵球、聚氨酯子弹球、聚氨酯塔式球、钢轴皮碗球。清扫猪也有带磁性和不带磁性两种，它在清扫打猪管线上是常用的必备品和消耗品，以前都靠进口，价格比较昂贵，现在上海创沐工业技术有限公司提供的清管球和清扫猪已经完全可以替代进口产品。图 3-35、图 3-36 是适合不同场合和作用的清管球以及清扫猪的样品，仅供参考。

图 3-34　复合软管在现场的安装情况

各种清管球

图 3-36　各种清扫猪

3.6 储罐和其他设备附件(Tank & Equipment Accessories)

1. 搅拌机(Agitator)

搅拌机主要用在调合釜(BBV/ABB)和鸡尾酒罐上，使基础油和添加剂调合和预混得更加均匀。搅拌机叶片的大小和数量的选择要根据容器的大小即调合量的大小以及物料的特性如黏度、相对密度等参数来决定，通常提供给搅拌机生产厂家，厂家会帮助你考虑和设计，并且会告诉你容器顶部安装搅拌机的偏心位置，使搅拌得到更好的效果。好的搅拌机，不仅噪声小，而且调合的程度也非常高。国内生产厂家浙江长江搅拌设备有限公司曾经给浙江壳牌等润滑油生产企业提供过调合釜和其他设备的搅拌机，使用效果都相当不错，售后服务也很好。以下着重介绍一下该厂关于生产技术、产品系列和搅拌浆类型这三部分的主要内容，仅供参考。

(1) 长江搅拌混合技术：

搅拌混合技术涉及工艺工程、流程控制、材料防腐、机械等多学科综合应用技术，在设计工业规模的装置时，搅拌混合设备常常在全过程的优化方面起到重要作用，因此根据工艺工程的目标来确定搅拌混合参数是搅拌混合技术的基本要素。在工艺控制过程(物理和化学)，首先要考虑容器对搅拌混合过程的影响，其次要考虑用于给定控制过程的搅拌机的动力特性，这些设计完全要依赖厂家的专业系统知识、实验和经验。图 3-37~图 3-40 是该厂的实验和测试设备以及设计计算软件。

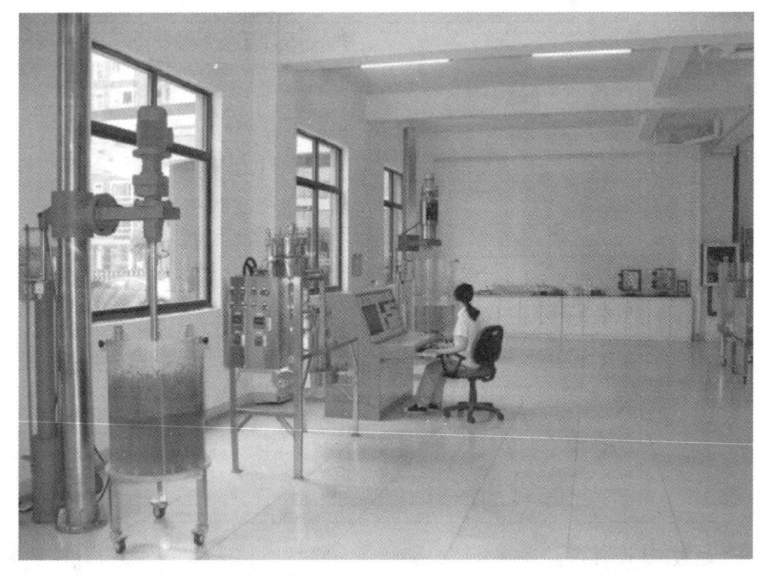

图 3-37 冷模研究搅拌浆动力特性的实验设备

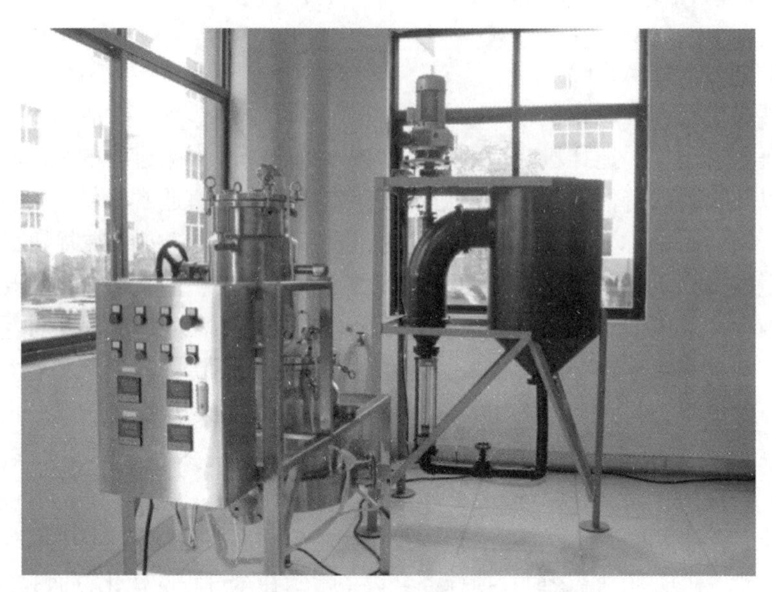

图 3-38　获取搅拌桨泵送能力数据的搅拌桨排量测定仪

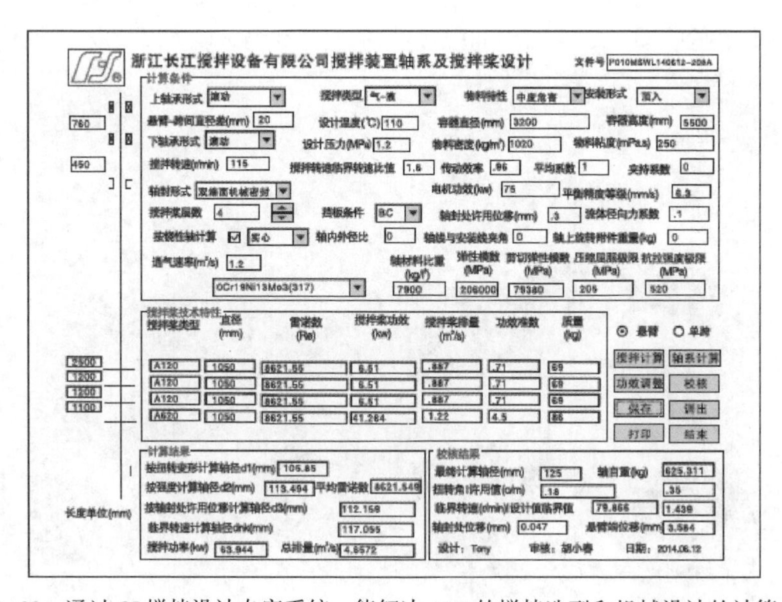

图 3-39　通过 CJ 搅拌设计专家系统，能解决 90%的搅拌选型和机械设计的计算软件

图 3-40 通过负载试验，获取实际载荷系数、混合效果及稳定性评定的负载试验区

（2）模块组合的产品体系：

浙江长江搅拌设备有限公司生产制造的各类搅拌机均采用模块组合制定。基于合成原则，能使各组合件与要求的设计性能方便地统一起来，并能与IEC（或NEMA）标准电机，国内外通用减速机和机械密封兼容，输出接口法兰尺寸符合GB、HG、ASME、JIS标准。其标准而多样化的组合，可以适合各种工况条件，为客户提供高性能比的理想机型。按照搅拌机的安装形式，该厂家的模块组合产品体系可以分为三大类：顶入式搅拌机、底入式搅拌机、侧入式搅拌机，见图3-41～图3-43。

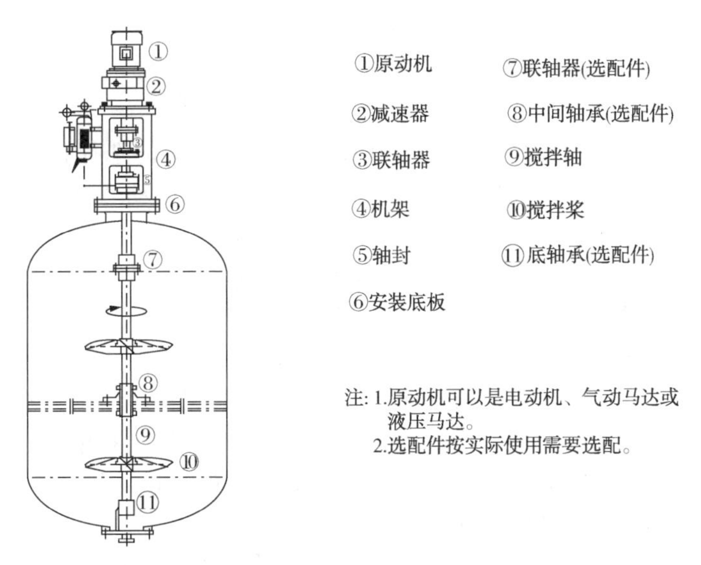

图 3-41 顶入式搅拌机

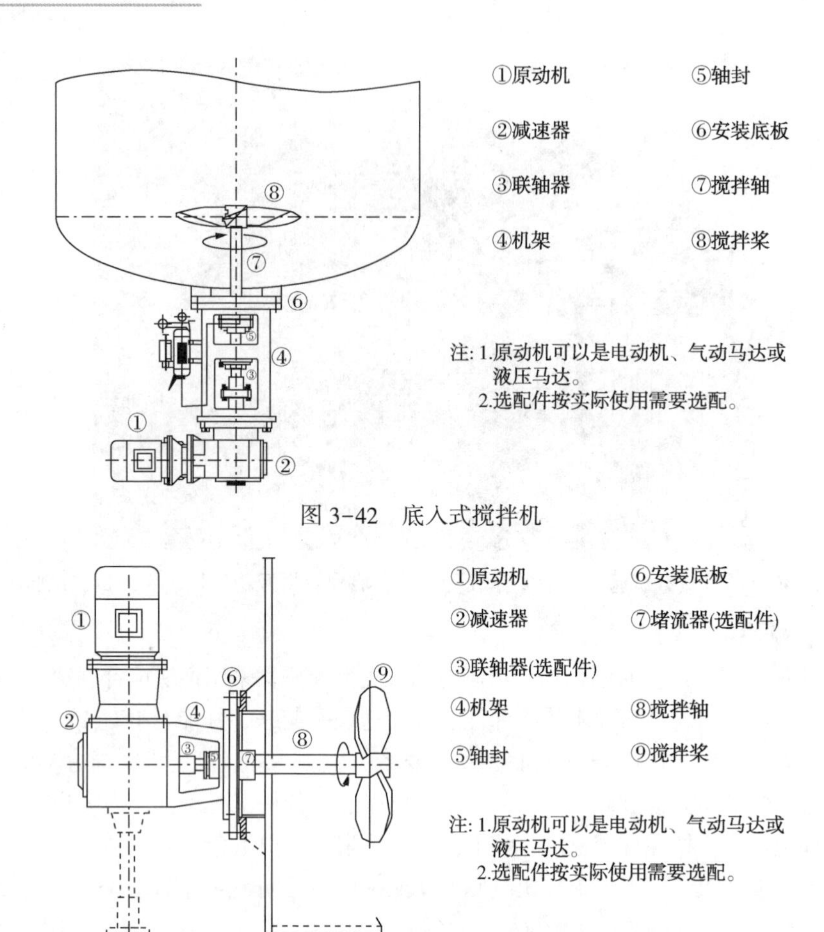

图 3-42　底入式搅拌机

图 3-43　侧入式搅拌机

（3）搅拌桨：

搅拌桨是搅拌机（搅拌装置）中的关键部件，搅拌桨的选择直接影响搅拌过程的效果和功耗。通常应根据搅拌过程的目的和搅拌桨的动力特性、排出性能选择适宜的搅拌桨型式。选择时应同时结合考虑容器的形状、搅拌条件及物料特性。浙江长江搅拌设备有限公司生产的搅拌桨等效采用 HG/T 20569、SH 3150 标准和技术规定，并在引进、吸收国外高新搅拌技术和近二十几年研究、开发的基础上做了较大的扩充，所提供的各种搅拌桨从高流动到高剪切能满足 98%以上的各种工艺搅拌操作。设计制造的搅拌桨材质除常用的碳钢、不锈钢外，还可以采用钛材、锆材、蒙乃尔合金、哈氏合金、超级不锈钢、超级双相不锈钢、高镍合金等特殊金属材料以及非金属材料或金属表面涂层和衬里。

通常用于润滑油设备的搅拌桨有以下几种：

① 三叶螺旋式：轴流型，其剪切速率适应多种黏度范围，螺旋型的桨叶曲

面，使轴向有较好的流动，比传统的斜叶桨式减少30%的混合时间和节省25%的功率。适用较高黏度物料混合、传热、溶解、反应操作。

② 变截面螺旋式：这是一种应用范围广泛的轴流型高性能搅拌桨，其排出性能好，剪切力低。低速时呈对流循环状态，高速时呈湍流分散状态，较大的叶倾角和叶片扭曲度能使搅拌桨在过渡流甚至湍流时也能达到较高的流动场，其排液能力比传统的推进式搅拌桨提高30%。适用于低黏度的物料混合、溶解、固体悬浮、传热、反应、传质、萃取、结晶操作。

③ 后弧面螺旋式：轴流型，大的叶片根部弧面能增强搅拌旋转中心的排量，使叶片径向方向的排量趋于均等化，在较低的速度下也能获得较大的轴向流。适用于低速、低剪切力、大排量场合的混合、溶解、固体悬浮操作。

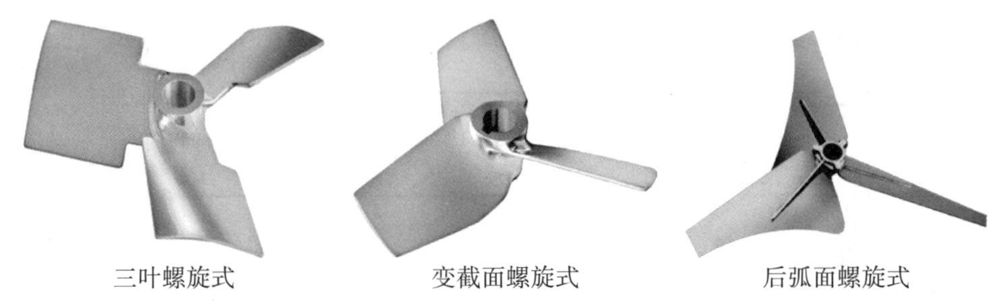

三叶螺旋式　　变截面螺旋式　　后弧面螺旋式

④ 弧面桨式：搅拌桨较大的弧面和较小的叶倾角，能使排出流动状态同时具有轴向、径向和环向分流。其剪切力低，排量大。搅拌桨在层流和过渡流时能达到较高的流动场，一般需多层组合使用。适用于中、低黏度均质、溶解、结晶、固体悬浮、液相反应操作。

⑤ 二叶螺旋式：这是一种改进型的二叶螺旋式搅拌桨。动力特性类似变截面螺旋式搅拌桨，但由于只有二片叶片，能够方便从人孔进入罐内安装，适用于低黏度大中型搅拌设备的混合、溶解、固体悬浮、传热、反应、传质、结晶操作。

⑥ 变截面折叶桨式：轴流型，低速时为水平环向流和轴向流，高速时为径向流和轴向流。由于桨叶截面的变化，各点排出流量有较大变化。与主桨倾斜方向相反的小桨、增强桨叶端部的涡流，使其具有更好的混合性能，比传统的斜叶桨式减少30%的混合时间。一般多层搅拌器组合使用，适用于非均匀相的混合、溶解、固体悬浮、结晶、传热操作。

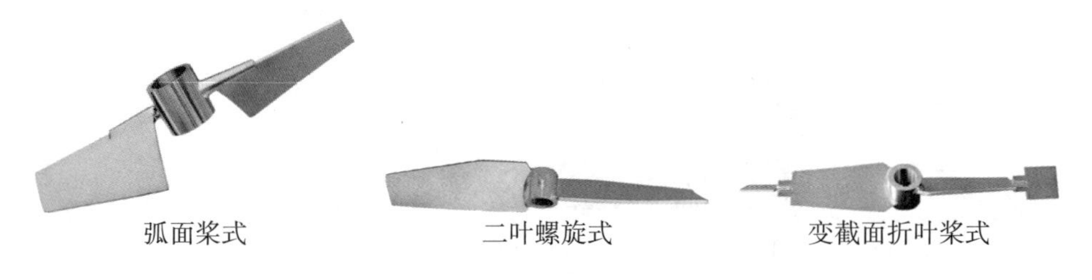

弧面桨式　　二叶螺旋式　　变截面折叶桨式

2. 在线混合器(Inline Mixer)

在线混合器主要用在ILB上，如果讲究点的也可以用在SMB上，因为从SMB出来的基本上还是按照一定顺序的纯基础油和添加剂进入成品罐里，并不是混合物，需要在成品罐里进一步调合。在线混合器可以分为两种形式，一种是静态混合器，通过液体在网格内的相互交叉流动，使层流变成紊流达到混合的效果；另一种是动态混合器，通过电机驱动搅拌桨来实现混合。无论是静态混合器还是动态混合器，一般都设置在加力泵的前面，靠泵的吸力使液体得到更充分的混合。它们在国内的代理商是上海良帛机电设备有限公司。图3-44~图3-47是SPX集团的静态混合器和动态混合器的结构示意图以及在现场的安装情况，仅供参考。

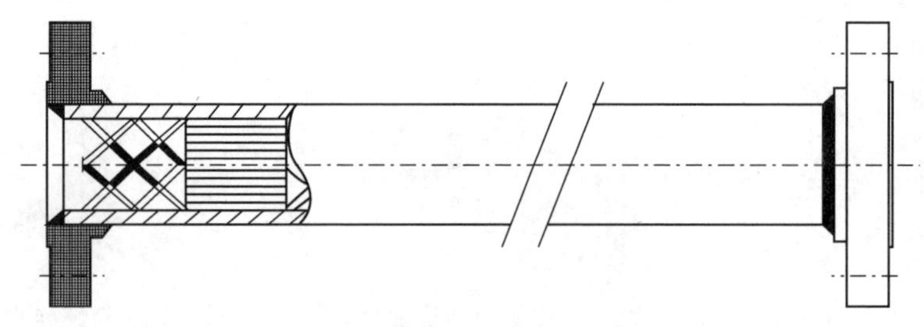

图3-44 静态混合器结构示意图

图3-45 静态混合器在现场的安装情况

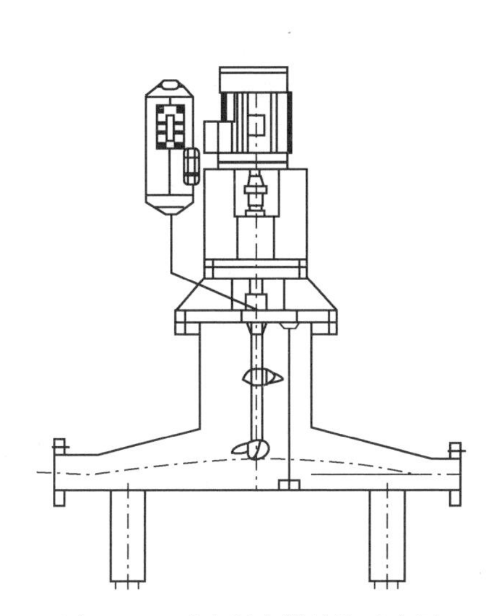

图 3-46　动态混合器结构示意图

图 3-47　动态混合器在现场的安装情况

3. 喷射器/旋转喷头[Eductor(Ejector)/Spray Nozzle]

如前所述，喷射器是每个储罐都需要安装的。根据你所提供的储罐容积的大小，特别是储罐的高度，以及泵的出口流量和压力，厂家会帮你进行数量、喷嘴口径和达到最佳喷射效果的安装角度的设计。至于安装在带裙座的锥底成品罐顶部用来清洗储罐更换产品的旋转喷头，只要有一定的出口压力就可以，保证能有足够的效果喷射到储罐四周的壁上。不管是喷射器还是旋转喷头采用的都是不锈钢材料，因此在安装时同碳钢管道连接要注意避免出现碳污染。图 3-48 和图 3-49 是喷射器和旋转喷头的产品样本和说明，仅供参考。

4. 油气分离器(Demister)

这是一种收集打猪管线中的压缩空气和压缩空气吹扫其他工艺管道时排放出来的气体以及室内调合釜和存储罐呼吸口释放出来的气体进行油气分离的设备，以减少对环境的污染。分离出来的气体按照环保的要求进行一定高度的空中排放，由容器内设置的一定厚度不锈钢金属丝网把油气中的油成分分离出来以后，也要予以妥善收集，并按照环保的要求进行废油处理。为了使油气分离器不产生溢流，不仅装有磁板液位计(LI)，而且还设置高液位(LSH)报警，报警后需要及时处理。上海创沐工业技术有限公司可以承接油气分离器的设计和加工制作，以下是油气分离器的 P&ID 和在现场的安装情况(图 3-50)，仅供参考。

5. 消气器(Air Eliminator)

这是一种安装在成品灌装线前面，进一步消除油品中的气体，使灌装精度和产品质量得到更佳效果的设备。由于润滑油的生产过程基本上都是在常压下进行，因此经常有可能同空气接触，特别是调合以后的产品都是通过打猪管线输送到成品罐或从成品罐输送到灌装线前，难免会出现一些空气混入成品中去的情况。在壳牌润滑油调配厂应用比较多的消气器品牌是美国的 Ic，在国内代理商有上海良帛机电设备有限公司。以下是装有消气器灌装线的 P&ID 和在现场的安装情况(图 3-51)，仅供参考。

TurboMix[ME]

TurboMix[ME]喷射器搅拌口

设计特性:
- 在密闭或敞开容器里是一种高效和经济的液体循环
- 没有移动部分
- 固有的阻挡能力
- 不需要维修
- 喷嘴运行可以使液体的流动产生成倍的作用
- 液体排放的体积将是泵排出体积的3~5倍之多

喷射特征:
- 形成圆锥体羽毛状

流速:26.7~12000L/min
(变化的)

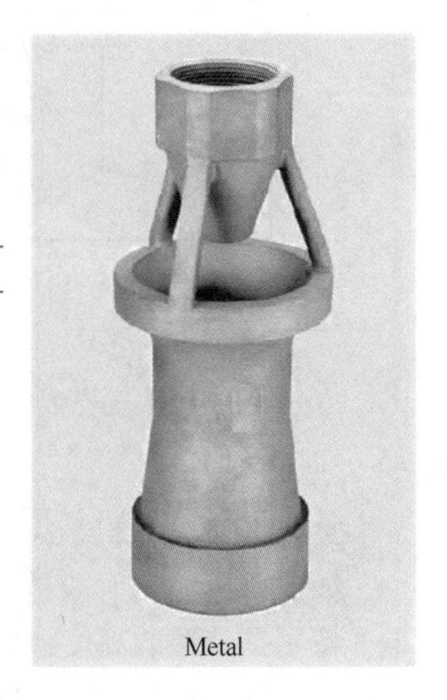

图 3-48　喷射器产品样本和说明

TW

储罐清洗

设计特性:
- 阻挡螺旋形设计
- 能力强
- 紧凑设计，适用于小型开放式容器

喷射特征:
- 容易维护
- 能够在相反方向喷射是它独特的专利
- 在LEM104页上可以查到其他容器的清洗应用

流速:3.0~163g/min

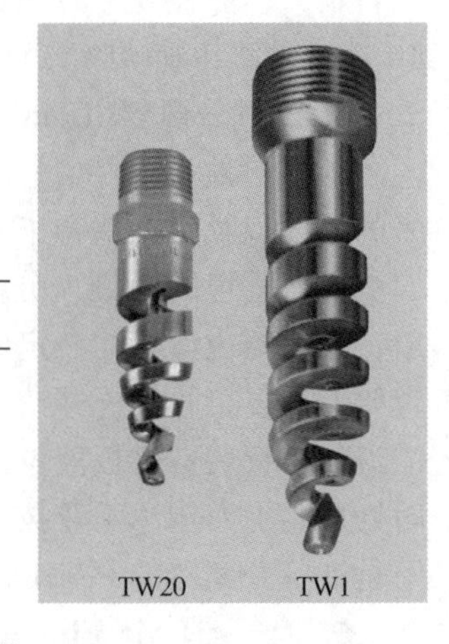

图 3-49　旋转喷头产品样本和说明

油气分离器的 PI&D

带有消气器灌装线的 P&ID

图 3-50 油气分离器在现场的安装情况

图 3-51 消气器在现场的安装情况

3.7 阀门(Valves)

1. 气动开关球阀(Pneumatic On-off Valve)

这种气动开关球阀被广泛应用于润滑油调配厂(LOBP)的各种设备上，如储罐的进出口、泵的进出口、BBV/ABB 的进出口、DDU 和鸡尾酒罐的进出口、SMB 和 ILB 各个分支管线上的进口、灌装线的进口等。在 P&ID 上经常使用 FV (Flow Valve)来表示这种阀门，实现生产过程自动化。用在 BBV/ABB 上的气动开关球阀还有一种叫作二级定量控制球阀(Two Stage Dosing Valve)，即用两个电磁阀和两块气源压力表(PI)来调节阀门开启的大小，实现根据事先设定好的往调合釜里添加少量的物料，通过调合釜承重传感器的计量，做到精准调合，使产品更优。从我熟知的壳牌和碧辟润滑油调配厂来看，用得最多的品牌是 SNJ (Shanghai Nales Jamesbury)气动开关球阀。SNJ 在上海高桥保税区进口散件组装，组装后的阀门通过测试和检验，不仅质量好，而且价格相对来说也要便宜一些，国内经销商有上海蓝申仪表有限公司。图 3-52 和图 3-53 是 SNJ 气动开关球阀的装配尺寸图和在现场的安装情况，仅供参考。

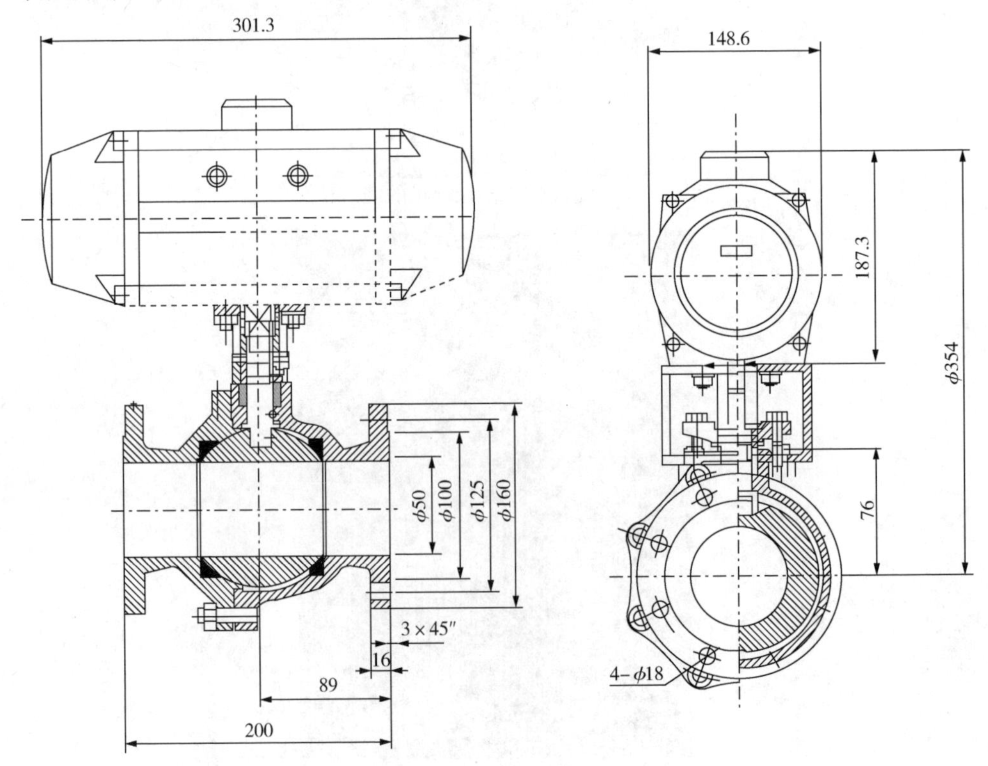

图 3-52　气动开关球阀的装配尺寸图

图 3-53 气动开关球阀在现场的安装情况

2. 调节控制阀(Modulating Control Valve)

这是一种气动的调节阀门，通过气动活塞式执行机构或气动薄膜式执行机构来带动阀门开启的大小，从而实现对压力、温度、流量的控制和调节，也是大量用在润滑油调配厂(LOBP)的各种设备和管道上。除了实现生产过程全自动化和控制各个参数要求以外，还起到保护设备和管道安全的作用。譬如压力控制阀(PCV)，当设备和管道上的压力超一定数值时，通过压力显示传感器(PIT)将信号传送到压力控制阀(PCV)，经过调节以后，使泵和管道在安全的压力范围内运行；譬如温度控制阀(TCV)，当设备和管道上的温度超一定数值时，通过温度显示传感器(TIT)将信号传送到温度控制阀(TCV)，经过调节以后，可以使物料在安全的温度范围内进行加热；譬如 SMB 和 ILB 管汇上的流量控制阀(FCV)，通过质量流量计将信号传送到流量控制阀(FCV)，来调节所需要的物料流量的大小，做到调合更匹配。

在润滑油行业里，无论是给储罐中存放的物料加热还是给调合釜里需要调合的物料加热以及烘箱给桶装添加剂加热，对温度的控制要求都相当严格，不仅调合的好坏同温度有关，而且有的添加剂如二烷基二硫代磷酸锌，如果温度控制不好过高的话，还会产生微量(10^{-6}级)有毒气体硫化氢。因此在储罐和调合釜以及烘箱对物料进行加热的温度监测和控制上，通常采用两套独立的温度控制系统。一套是储罐和烘箱上的温度显示传感器(TIT)以及调合釜上的高温度开关(TSH)同供应蒸汽的气动开关球阀(FV)联锁，当温度超过设定值时就会自动关闭气动开关球阀(FV)，停止蒸汽供应；还有一套是通过以上设备中的温度显示传感器(TIT)和温度控制阀(TCV)来实现蒸汽供给量的调节，控制加热温度，当温度超过设定值时也会自动关闭温度控制阀(TCV)，停止蒸汽供应。

另外，对储罐和调合釜液位的控制也比较严格，因为产生液位冒罐在企业中尤其在外资公司里不是一件小事。所以在储罐上通常也设置两套独立的液位控制系统，一套是雷达液位计，一套是高液位开关(LSH)，都同泵和气动开关球阀(FV)联锁。一旦液位触摸到高液位开关(LSH)和达到雷达液位计所设定的高高液位时，都会先停止泵运行，然后再关闭气动开关球阀(FV)，在成品罐是关闭打猪管线上的收发猪器(HLDV)和在线打猪器(ILDV)。调合釜也是这样，设置一套高液位开关(LSH)，当液位触摸到所设定的高高液位时，立刻停止有关储罐的出料泵，然后再关闭相应的进料气动开关球阀(FV)。这些控制上的逻辑关系叫作因果关系(Cause and Effect)，不仅在润滑油行业中被广泛应用，在其他行业里只要存在压力、温度、液位等工况都会被大量使用，保证生产过程的正常与安全运行。

上述控制阀门的供应商也是上海蓝申仪表有限公司，以下是调节控制阀的装配图(图 3-54)和在现场的安装情况(图 3-55)，仅供参考。

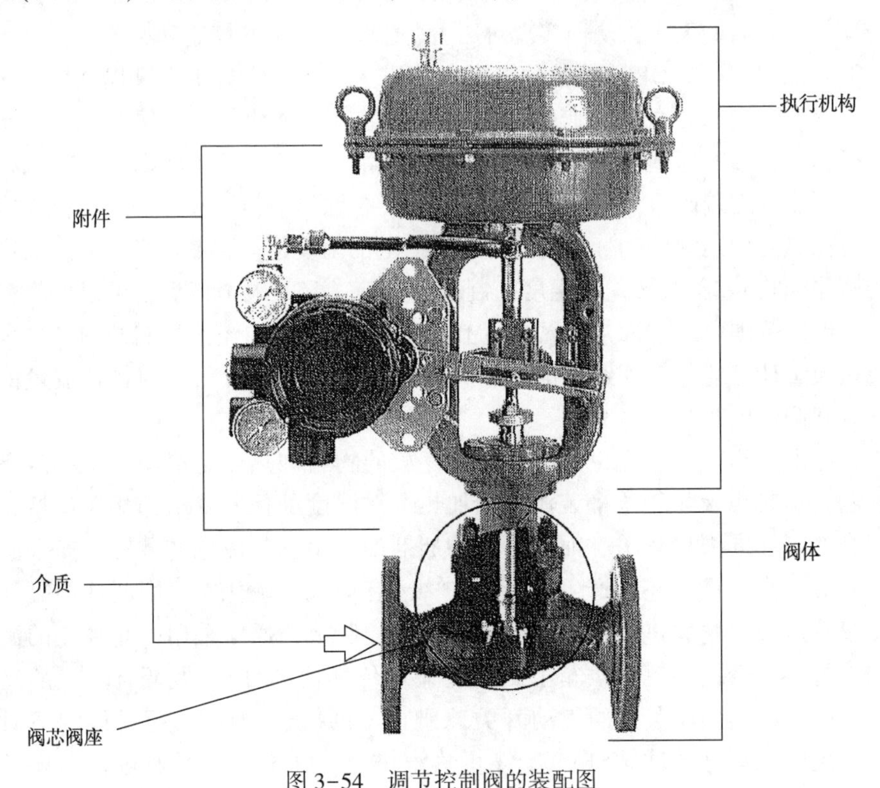

图 3-54　调节控制阀的装配图

图 3-55 调节控制阀在现场的安装情况

3. 釜底阀(Flush Mounted Valve)

这种阀门专门用来安装在调合釜底部的出口处，是为了避免出料时有残留物存在釜底，更换批次生产其他品种时造成交叉污染。釜底阀在国内很少有生产的，因此经常要通过 FMC(现改为 EMERSON)或 ABB 从国外进口。如果采用在国内制作调合釜，需要将其提供给厂家一起组装，然后在现场再配置上气动开关球阀和电动搅拌机，安装上称重传感器以及温度和液位开关等附件，就像第 1 章 1.1 中介绍调合釜 BBV/ABB 的 P&ID 那样，形成一套完整的调合设备。图 3-56 和图 3-57是釜底阀的结构尺寸图和现场的安装情况，仅供参考。

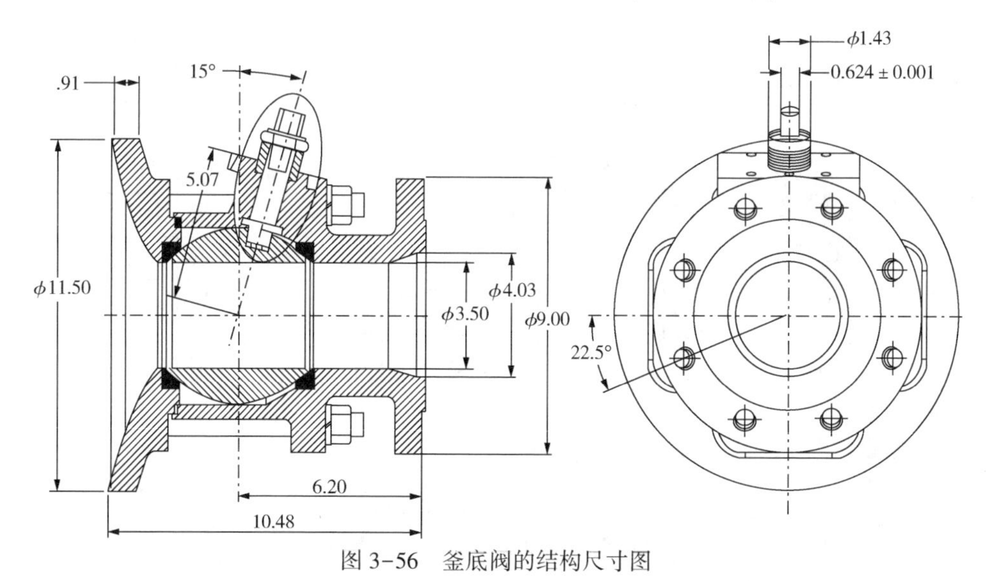

图 3-56 釜底阀的结构尺寸图

图 3-57　釜底阀在现场的安装情况

4. 先导式泄压阀(Relief Valve)

先导式泄压阀是专门用来保护泵和管道的。在浙江壳牌工厂里，所有泵包括VIKING 齿轮泵和 PLENTY 滑片泵都采用先导式泄压阀作为安全回流阀，安装在泵的出口回流旁通管路上，保证泵和管道是在安全的范围内正常运行。这种泄压阀同其他弹簧式安全阀(PSV)不同之处是不需要进行定期由第三方检验单位的校检和验证，用上以后可以一直不卸下来，而且还十分可靠。根据泄压的要求，只要打开阀门上端的阀盖，就可以在现场直接用手旋转调节螺纹，按照压力表上需要控制的读数进行回流压力的设定，相当方便，而且无任何故障和维护保养。此阀门是美国 FULFLO 公司的专利产品，图 3-58～图 3-60 是先导式泄压阀的结构尺寸图和各种应用情况下的示意图以及在现场的安装情况，仅供参考。

尺寸/in			
阀门尺寸	法兰等级	AA	BB
2½	150# 300#	15⅞	5¾
2½	600#	16¼	6⅛
3	150# 300#	16⅛	6¼
3	600#	16½	6⅝
4	150# 300#	18 3/16	7 15/16
4	600#	18⅜	8⅛

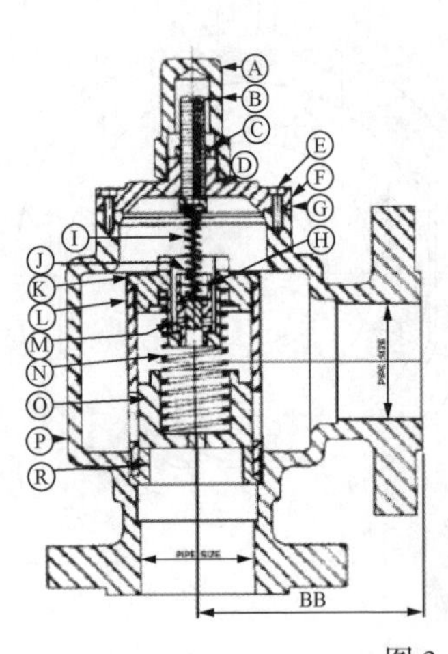

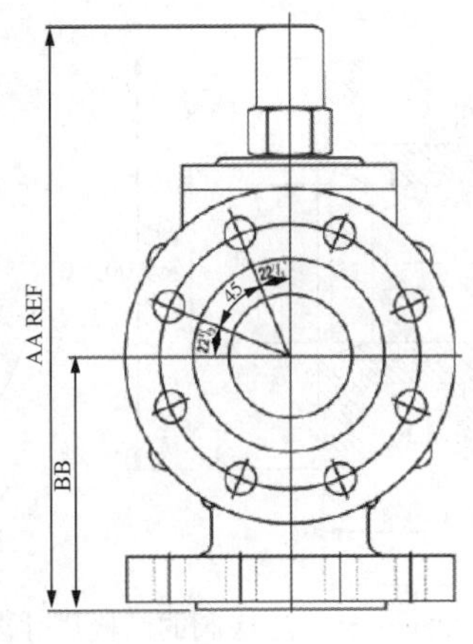

图 3-58　先导式泄压阀的结构尺寸图

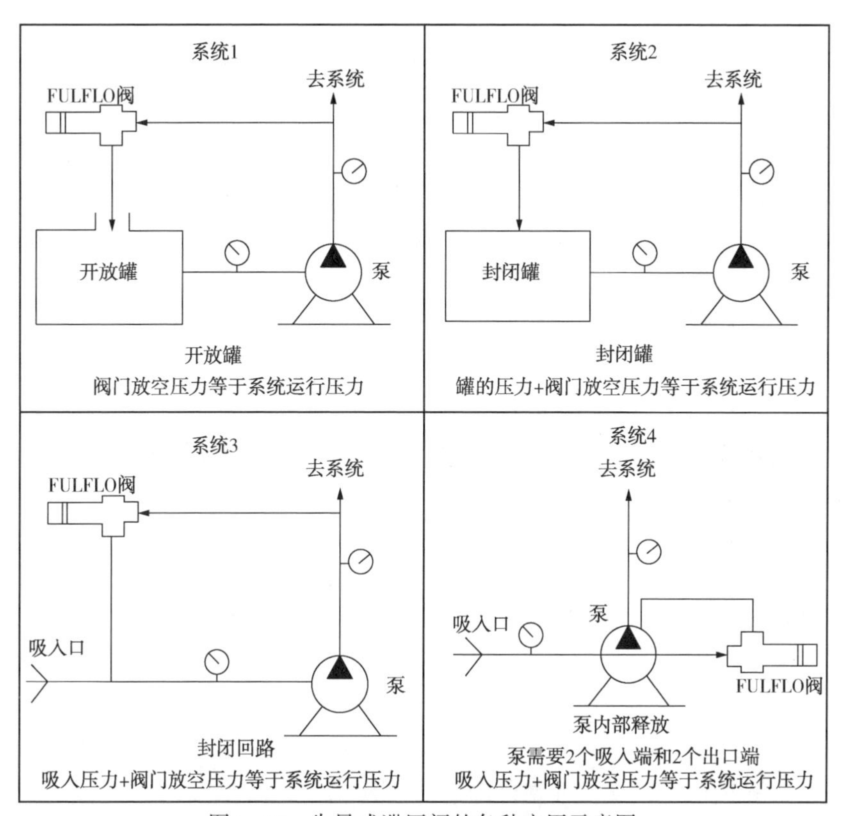

图 3-59 先导式泄压阀的各种应用示意图

图 3-60 先导式泄压阀在现场的安装情况

5. 手动球阀(Manual Valve)

手动球阀在润滑油调配厂(LOBP)里应用相当广泛，譬如设备和管道连接的进出口，一些管道上的重要附件或部件的进出口，有的位置还需要采用双阀门来控制等，因此使用量比较大。在此，简单介绍一下曾经和浙江壳牌合作过的成都成高阀门有限公司(CHV)的手动阀门，在P&ID上经常使用MV来表示。

该公司生产的NF型手动球阀具有以下7大安全功能，能够防止工况事故，可以做到密封可靠、信赖度高，详细情况介绍如下。

(1) 防止误操作手柄：

阀门的开关常常是通过手柄的位置来确认，手柄与管道平行为开，垂直为关。但是普通球阀手柄与阀杆的连接是扁四方，容易因手柄与阀杆的连接错误而造成阀门的误操作。而CHV NF型球阀手柄与阀杆的连接是扁平方不可能造成手柄的连接错误，更不会出现误操作。

(2) 锁定机构：

手动球阀在全开、全关位置，可以使用锁定装置，以防止非工作人员扳动手柄，造成阀门误动作；也可以防止因管线震动或不可测因素造成阀门开或关，出现事故。特别是对于易燃易爆油、气和化学药品等工作管线，或者野外配管场合，都具有更加有效的作用。

(3) 防飞出阀杆凸肩：

为了防止因阀门内压的异常升高而使阀杆飞出去的危险，在NF型球阀的阀杆下部设置了凸肩。另外为了防止火灾出现时，使阀杆密封盘根烧损后出现泄漏，在阀杆下部凸肩与阀体接触处设置了止推轴承，形成倒密封座防止泄漏，避免事故的扩大。

对于普通球阀，若阀杆盘根烧损，或盘根压盖，螺栓有缺损，阀杆受内压的作用容易飞出，流体外溢，出现事故，甚至加大事故程度，这是安全要求所不容许的。

(4) 防静电机能：

CHV NF型球阀为了防止由于球体及阀杆与TFE(或RPPL)的摩擦而产生静电，容易静电打火点燃易燃易爆介质而出现工况事故，在阀杆与球体及阀体与阀体之间设置了导静电弹簧，使静电通过管路导入地下，保证系统安全。

(5) 耐火结构：

为了防止因火灾或聚热的出现，使阀座烧损时，发生较大泄漏而助长火势，NF型球阀在球体和阀座之间设置了防火密封环，当阀座烧损后，介质将球体迅速推向下游端的金属密封环上，形成金属与金属接触，起一定程度的密封，从而保证系统的安全。

（6）特殊阀座结构：

根据多年制造经验，设计出具有弹性力的双重密封阀座结构，对于高压和低压以及真空状态均具有优良的密封效果。

（7）无外漏阀体密封结构：

阀体与侧阀体的联接部是靠垫片密封，火灾、高温、震动以及开、关扭矩不均匀等原因，都可造成该处的外泄漏。NF型球阀除依靠垫片的密封外，还特别设计了阀体与侧阀体的金属与金属接触，形成金属密封，保证不外漏。

图3-61是NF型手动球阀7大安全功能结构示意图，仅供参考。

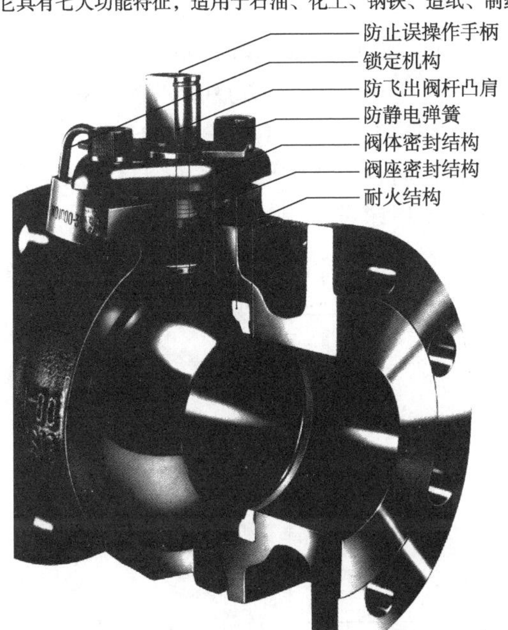

图3-61 NF型手动球阀7大安全功能结构示意图

3.8 安全仪表系统（Safety Instrumented System）

SIS是在控制仪表系统的基础上进一步设置独立的联锁或报警装置的一种有效的安全措施。除了在前面说到的同气动调节阀有关的自动控制仪表以外，还有显示和设有报警系统的现场仪表。

1. 液位（Level）

液位控制如前所述，在储罐上除了装有能够测量液位的雷达液位计，还有高液位开关（LSH）和低液位开关（LSL）。它们分别在控制系统里设有高高液位联锁

(HHLL Interlock)和低液位联锁(LLL Interlock)以及高液位报警(HLL Alarm)和低液位报警(LLL Alarm)，报警系统可以设置在操作室里，也可以设置在现场，根据情况来定。低液位开关(LSL)设置在锥底罐和调合釜的出料泵进口，用来防止泵出现干吸。另外，在SMB和ILB也有配置高低液位开关(LSH/LSL)和报警系统，确保质量流量计的精准计量以及在线混合器和泵进口能够有足够的流量，不至于干搅和干吸，损坏设备或发生意外情况。

由于调合釜采用的是称重传感器来控制一级气动开关球阀和二级气动定量控制阀的进料，因此只装配了高液位开关(LSH)。除了在系统里设置了高高液位联锁(HHLL Interlock)以外，还设置了高液位报警(HLL Alarm)。如何设置高高液位(HHLL)和高液位(HLL)以及低液位(LLL)，可以参照图3-62和表3-1中的数据，包括正常液位(NLL)。由于船运基础油卸货的泵流量通常在200m^3/h或250m^3/h，高高液位(HHLL)的设置到溢流点可以按15min卸货泵的流量来考虑储罐的预留量。不是船运卸货的储罐，高高液位(HHLL)的设置可以按10min卸料泵的流量来考虑。不管是何种形式的储罐存放物料还是调合釜需要加料进行调合，最大容许的存储量都不得超过容积的95%。

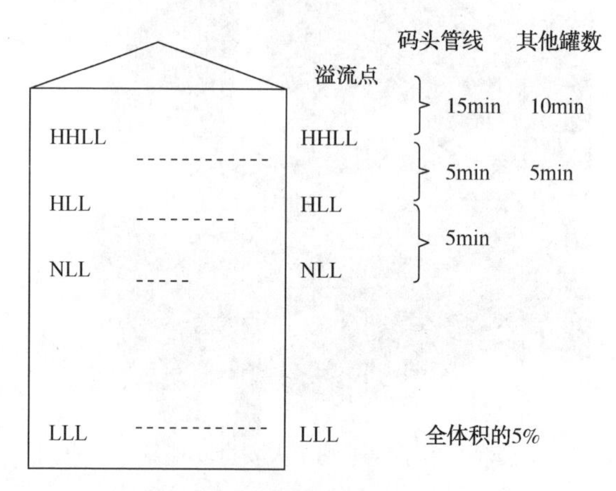

图3-62 储罐液位控制数据图

表3-1 调合釜液位参照数据表

公称体积/m^3	全容积/m^3	高高液位(HHLL)			高液位(HLL)		正常液位(NLL)	
		%	容积/m^3	设定基准	%	容积/m^3	%	容积/m^3
10	14.5	95	13.7	全容积的95%	90.0	13.01	85.0	12
20	27.0	95	25.6	全容积的95%	90.0	24.30	85.0	23

2. 温度(Temperature)

温度控制如前所述，在储罐和烘箱上装有两个独立的能够测量和传送温度的传感器(TIT)以及在调合釜上装有一个高温度开关(TSH)，它们分别在控制系统里设置高高温度联锁和低低温度联锁以及高温度报警和低温度报警。报警系统可以设置在操作室里，也可以设置在现场，根据情况来定。同样，在 SMB 和 ILB 也有温度传感器(TIT)的配置，确保所要求的调合温度。

温度和物料的黏度与结晶度有着密切的关系，尤其是添加剂，温度控制要求相当严格。除了前面讲到如果温度控制不好会产生硫化氢外，还会使有些添加材料在调合过程中出现结晶，譬如粉状添加剂 Crodamide，必须在 70℃的基础油里进行预混合，然后将溶解后的 Crodamide 同其他物料一起加到 BBV/ABB 或 ILB 进行调合，温度要求不能低于 50℃，否则会出现结晶或混浊现象。因此，预混合的调合釜除了在前面介绍的加料釜以外，还有一种专门给 ILB 配套的叫作小型调配罐，配置基本上和鸡尾酒罐差不多，并且要求尽可能地靠近 ILB 调合设备，不至于沿途热损失过多，导致温度低于 50℃时出现结晶，严重影响产品质量。图 3-63和图 3-64 是 Crodamide 分别同 BBV/ABB 与 ILB 调合设备的工艺示意图，仅供参考。

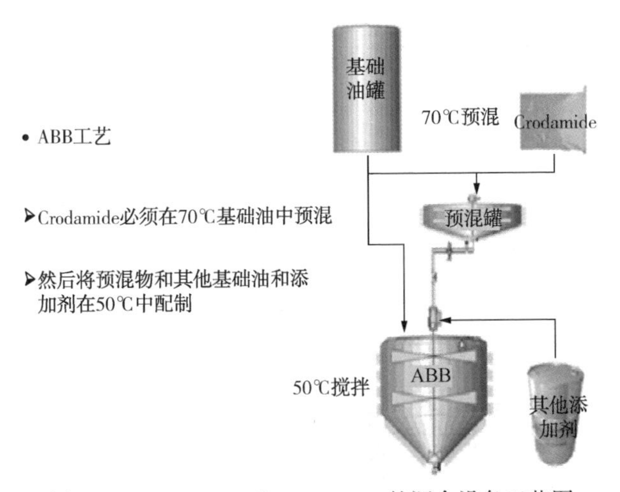

图 3-63 Crodamide 和 BBV/ABB 的调合设备工艺图

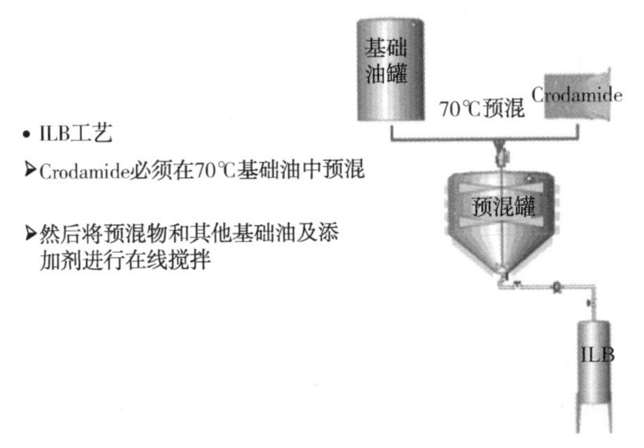

图 3-64 Crodamide 和 ILB 的调合设备工艺图

添加剂黏温曲线(V-T Curves)是润滑油生产过程中一项十分重要的设计和操作参数，不仅调合设备如前面讲述的 BBV(ABB)/SMB/ILB 的设计和配置需要考虑黏度和温度的关系，而且在调合过程中是否做到均匀和融洽也同黏温曲线息息相关。另外，为了增加高黏度的流动性，减少管道阻力和使泵能够在合理区域内运行，也需要参考黏温曲线，因此选择适当的加热温度来储存和输送各种物料是润滑油调配厂(LOBP)中要求重视的一道工序。图 3-65~图 3-71是一些添加剂的黏温曲线，仅供参考。

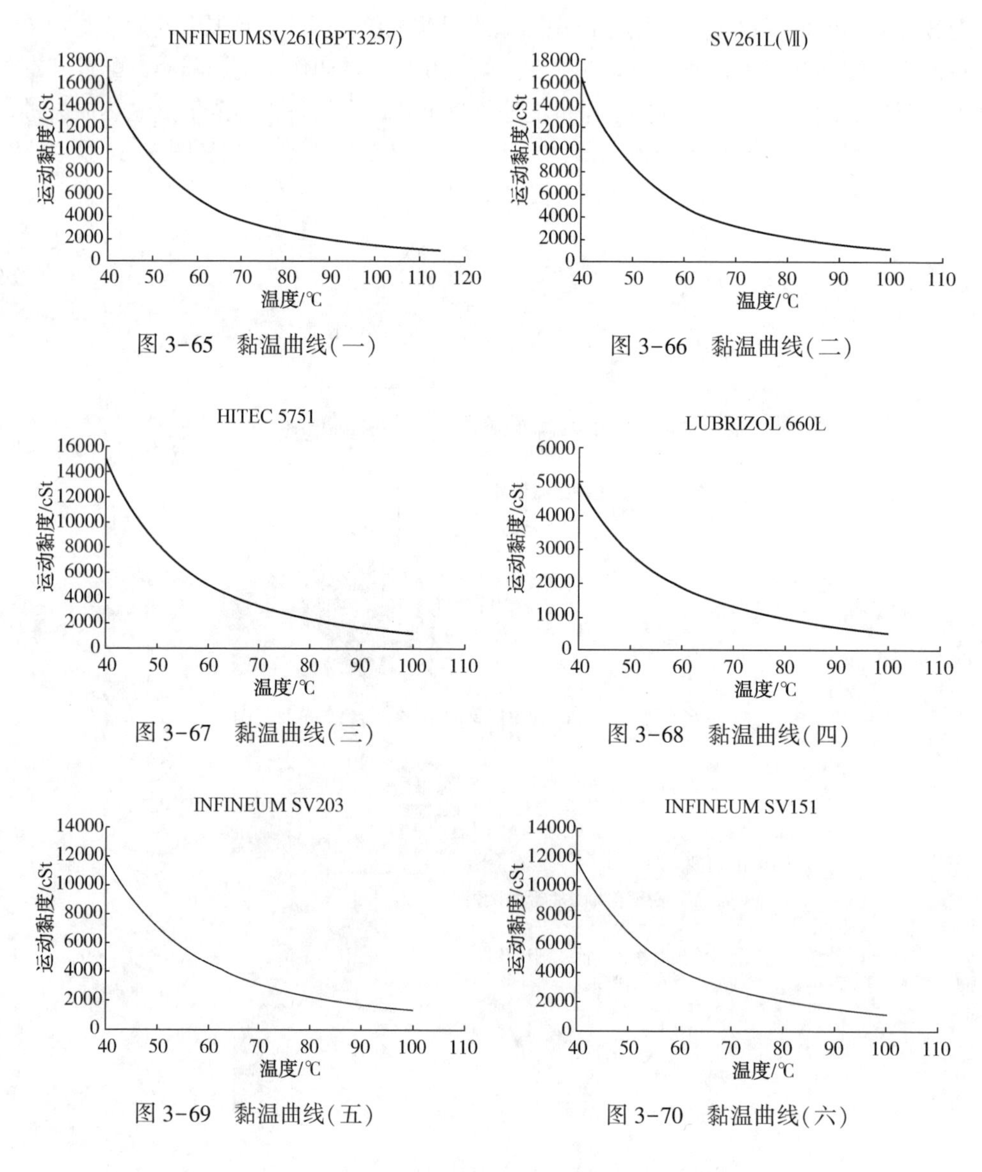

图 3-65　黏温曲线(一)

图 3-66　黏温曲线(二)

图 3-67　黏温曲线(三)

图 3-68　黏温曲线(四)

图 3-69　黏温曲线(五)

图 3-70　黏温曲线(六)

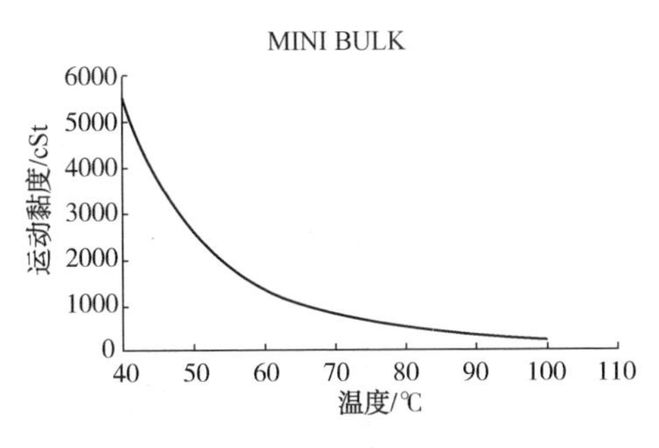

图 3-71 黏温曲线(七)

3. 压力(Pressure)

在润滑油调配厂(LOBP),压力主要出现在泵的进出口处,因此在泵前过滤器和泵的进出口管道上都装有压力表(PI)以及压力传感器(PIT)。过滤器前后的压力表(PI)主要根据前后压力的变化来查看过滤器是否有被堵塞的现象,当然在过滤器前后也可以安装差压变送器(DPT)来观察过滤器的运行状态。泵出口处的压力传感器(PIT)主要通过回流管道上的压力控制阀(PVC)来自动调节由于调合和灌装随时都会出现阀门突然关闭或流量变化造成管道内压力或高或低的情况,确保管道的安全运行。另外,为了保证容积泵的安全运行,除了泵本身有内置式安全阀(PSV)外,在泵出口处的阀门前后还分别设置了两个安全回流阀(PSV),如储罐的出口泵(详见第3章3.1储罐的P&ID);或在泵的进出口处设置一个安全回流阀(PSV),如调合釜BBV/ABB和在线调合器SMB/ILB的出口泵(详见第1章中相关的P&ID)。由于容积泵和离心泵有着不同的特性,即在一定的流量下,出口压力是不变的,加上液体又是不可压缩的,因此没有安全回流装置的泵出口是十分危险的。同样在一段两端都有可能被阀门关上的管道内存有液体,经过阳光照射或电伴热还在加热的情况下都会造成管道内的压力不断升高,同样也是相当危险的。

除了在工艺管道和设备上应用比较多的压力表(PI)和安全回流阀(PSV)以外,在公用设施如润滑油调配厂(LOBP)经常用到的压缩空气中的工厂风和仪表风以及蒸汽加热中的高压和低压蒸汽也都会采用数量不少的压力表(PI)和自立式安全阀(PIRV)以及压力传感器(PIT)和压力控制阀(PCV),来适合各种工况下的用气和加热。譬如给二烷基二硫代磷酸锌添加剂储罐和桶装添加剂烘箱加热,蒸汽压力就不能太高,一般控制在不超过0.1MPa,避免过热蒸汽温度太高会使有些添加剂产生有害气体。码头打猪管线和成品油打猪管线通过打猪器驱动猪的工厂风,通常也不能高于0.5MPa,否则就要采取一定的安全保护措施。图3-72和图3-73是容积泵流量和压力以及功率和压力的曲线图,仅供参考。

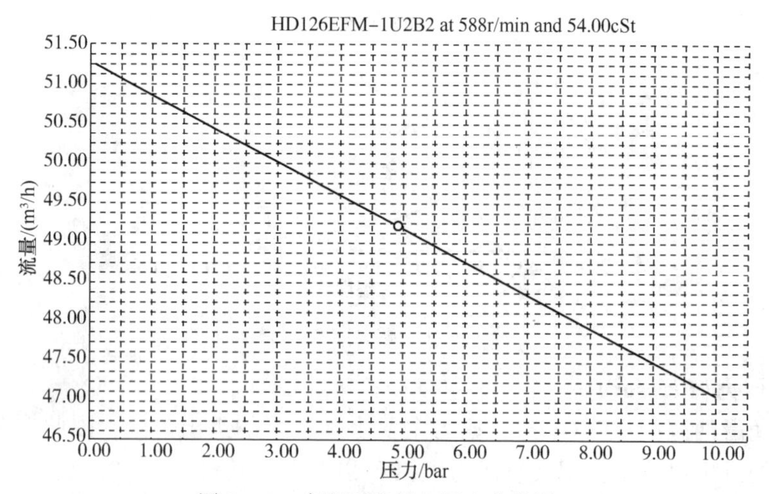

图 3-72 容积泵流量和压力曲线图

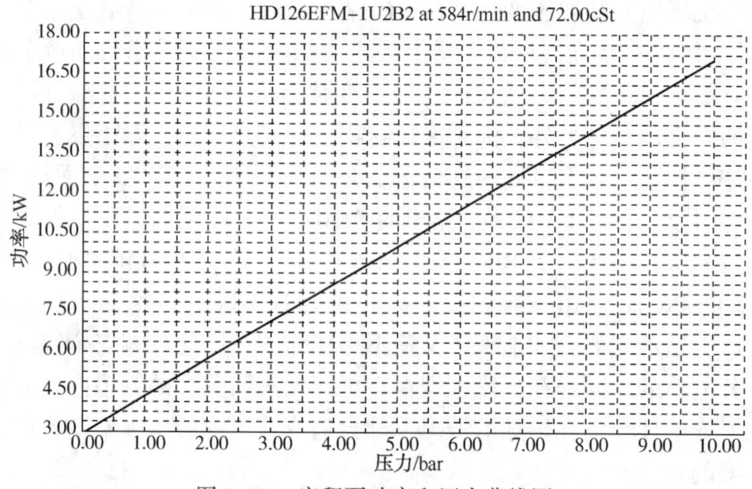

图 3-73 容积泵功率和压力曲线图

上述同温度和压力有关的仪表包括双金属温度计(TI)和温度传感器(TIT)以及防震压力表(PI)、压力传感器(PIT)和差压变送器(DPT)，在润滑油调配厂(LOBP)无论是在设备上还是在管道上都存在着大量的应用，作为安全生产和过程控制的主要参数仪表。因此，仪表的可靠性和精准性就显得尤为重要，在化工企业里是这样，在润滑油生产行业中也是如此。这里顺便介绍一下曾经给浙江壳牌工厂提供过以上仪表的上海蓝申仪表有限公司，仅供参考。

这是一家从事工业自动化控制设备研发、生产、销售及服务的高新技术企业，下设技术中心、生产中心、工程服务中心、管理中心和营销中心，是自动化领域“国家火炬计划项目”承担单位之一。其产品覆盖温度、压力、流量、物位、分析、配电等工业测量仪表及成套控制系统，严格的品质管理和完整的质保体系均已达到 ISO 9001：2000 国际标准。公司一直把“一流产品、一流服务”作为经营的至上追求，坚持规模化、市场化的经营道路，执行精细化的生产管理，建设专业化的服务队伍，秉承创新、立足于市场道路前沿，已使其成为国内自动化行业的优秀供应商之一。

4. 流量开关(Flow Switch)

主要用在调合釜和锥底罐的泵进口处，也有用在泵进出口的外置安全阀的回流上，防止泵被干吸；以及用在调合设备外置式加热器被加热的液体进口上，防止加热器出现干加热。因此，除了报警外，还同泵和加热器联锁。

5. 紧急停车按钮(Emergency Shut Down)

主要设置在一些润滑油生产区域和设备上，一旦按下 ESD，所有安全关键设备的供电电源全部切断，停止正常的生产操作，确保生产装置处于工艺安全保护状态，并在现场进行报警，是一种工厂在生产过程中防止出现任何意外或工艺安全事故的应急处置措施。图 3-74 是 ESD 在润滑油调配厂(LOBP)生产区域和调合设备上的布置情况，仅供参考。

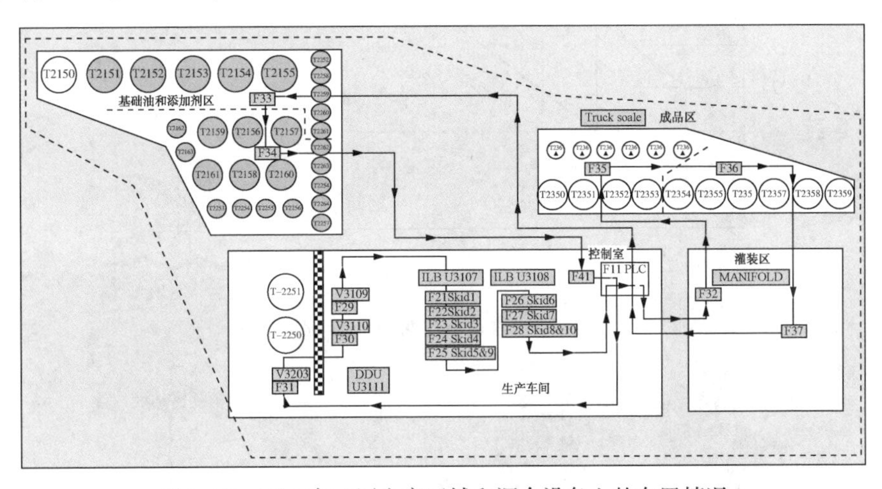

图 3-74 ESD 在工厂生产区域和调合设备上的布置情况

除了以上这些关于液位、温度、压力以及流量开关和紧急停车按钮作为在生产过程中必须要考虑的安全措施外，在外资公司里还有一种做法叫作 ISD(Inherently Safer Design)，即在设计的时候就要充分考虑项目的本质安全。虽然润滑油调配厂(LOBP)在化工企业当中属于比较安全的生产单位，防火等级只有丙 B 类，但还是要求按照化工企业的标准来进行设计、施工、验收和运行，还是要求做 HAZOP(Hazard and Operability)和 LOPA(Layer of Protection Analysis)的安全分析，尽可能地做到万无一失。

3.9 计量设备(Measure Equipment)

1. 雷达液位计(Radar Lever Gauge)

雷达液位计现在在油料库区中应用越来越普遍，不仅计量准确，而且还可以设置多种功能，同时测量储存液体的温度、压力、密度和油水界面等，是一种完整的计量和库存管理系统。采用 ROSEMOUNT 雷达液位计，不光是海关认可的在保税仓储上使用的液位计，还可以向海关进行远程显示，免去许多繁杂的报关手续。因此，在生产润滑油的工厂里，无论是原料储罐还是成品油储罐的计量上基本都采用雷达液位计。为了让计量更可靠和更精确，雷达液位计一般都要求安装导波管，并且要求与管壁的最小间距不得小于 1.5m，也不能安装在储罐中心位置和靠近进料口。图 3-75 和图 3-76 是雷达液位计的工作原理和在库区中的应用情况，仅供参考。

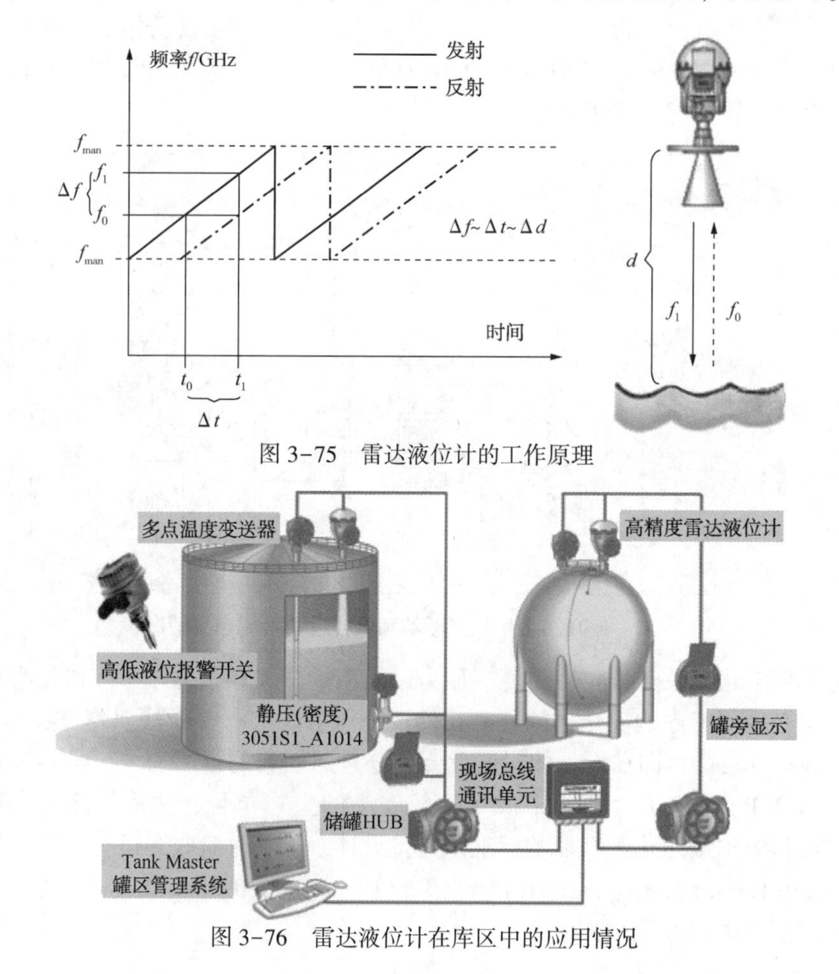

图 3-75 雷达液位计的工作原理

图 3-76 雷达液位计在库区中的应用情况

2. 质量流量计(Mass Flowmeter)

质量流量计在调合系统里是一种应用相当广泛的计量器具，无论是调合设备SMB/ILB还是辅助设备染色体添加设备都要用到质量流量计。大小有小到1/2″(15mm)口径的质量流量计，也有大到4″(100mm)口径的质量流量计，根据需要来设置，最能体现的是在ILB上的配置，各种大小口径的质量流量计基本上都有，而且计量精度都要求在0.25%以上。图3-77和图3-78是在润滑油调配厂(LOBP)常用的两种形式的质量流量计在现场的使用情况，仅供参考。

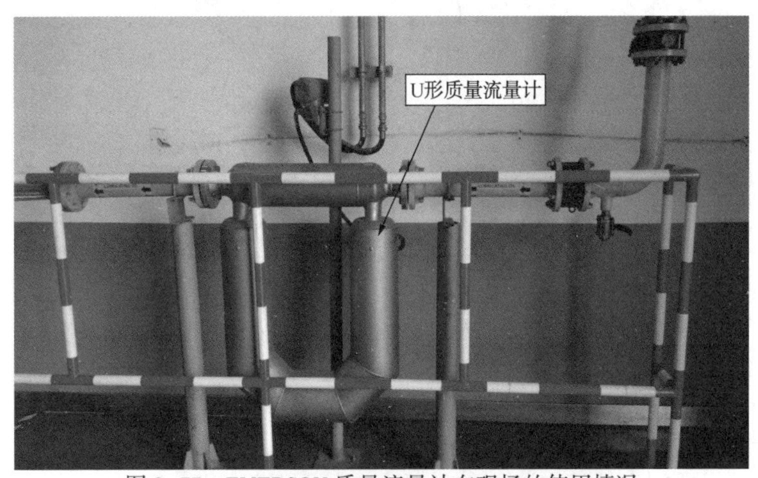

图3-77　EMERSON质量流量计在现场的使用情况

图3-78　E+H质量流量计在现场的使用情况

3. 称重模块/称重传感器(Load Cell)

称重模块/称重传感器是用在调合釜上的一种计量器具，通常在调合釜环形支撑托架下每隔120°安装一个称重模块/称重传感器，一共三个，使调合釜在垂直平稳的平面上能够靠重力进行精准的计量，计量精度可以达到全量程的0.01%，为调合釜能够生产高档润滑油提供了可靠的保障。图3-79是称重模块/称重传感器在现场的安装情况，仅供参考。

图3-79　称重模块/称重传感器在现场的安装情况

4. 平台秤(Weighing Scale)

平台秤一般用在桶装添加剂的计量上，配套DDU和其他一些调合釜的进料，还可以进行IBC(Intermediate Bulk Container)即1t塑料方桶的计量。经常同传送带连在一起或放在地面上使用，便于传送或叉车的搬运，就像以前的手工磅秤，只不过现在采用了重量传感器和电子显示，不仅使用方便，而且计量也十分准确。图3-80是平台秤在一些调合釜前应用的现场情况，仅供参考。

图3-80　平台秤在现场的应用情况

5. 汽车衡(Weighing Bridge)

槽罐车装车的 P&ID

汽车衡在润滑油调配厂(LOBP)有两种用法，一种是材料进厂计量，如基础油和添加剂的罐车；还有一种是成品油出厂计量，如20t的槽罐车。当然也可以采用一台汽车衡兼顾这两种的用法，不过对厂区物流走向来讲，不是很方便和畅通，因此有条件的还是应该采用两台汽车衡。浙江壳牌和江苏碧辟润滑油调配厂，都是采用两台汽车衡进行日常的生产和进出货物的计量，互不影响，工作效率也比较高。左上角和下面分别是槽罐车装车的P&ID和汽车衡在现场的安装情况(图3-81)，仅供参考。

图3-81 汽车衡在现场的安装情况

以上介绍的称重模块/称重传感器、平台秤和汽车衡都是润滑油生产中经常用到的计量器具，当然也包括灌装线上的称重秤和验重秤，都要求有相当高的计量精度，尤其是称重模块/称重传感器。不仅在调合中要求能够控制好各种配方的比例，而且在每项贸易中也要求做到守信于客户和用户包括灌装线上各种大小成品油的包装。因此，好的计量器具不仅能经得起有关部门的校验和检查，而且还能使企业具有更高的信誉。这里重点介绍一下梅特勒托利多(METTLER TOLEDO)的计量产品和一些基本情况，仅供参考。

总部位于瑞士苏黎世的梅特勒托利多集团(以下简称“梅特勒托利多”)是全球领先的精密仪器及衡器制造商与服务供应商。其产品涵盖实验室、工业、商业用称重、分析和检测仪器、设备及解决方案。梅特勒托利多在其近百年的发展历程中，始终致力于产品的开发和应用，在世界称重以及分析仪器领域一直拥有领先地位的新技术及新产品。

1997年，梅特勒托利多的股票在纽约证券交易所成功上市。现在，梅特勒托利多在全球范围内拥有10000多名员工，在40多个国家及地区从事销售及服务工作。同时，梅特勒托利多还在瑞士、德国、美国、中国等国家设立了生产基地。

全球化是梅特勒托利多的发展战略。1987 年，梅特勒托利多在中国江苏省常州市创建了以各类工业及商用衡器及称重系统为主的生产和销售基地。中国业务的快速上升增强了梅特勒托利多在中国发展的信心，梅特勒托利多再度投资中国，在上海市漕河泾新兴技术开发区兴建了主要生产和销售电子天平、实验室分析仪器、自动化化学反应系统、更全面的产品线为实验室、工业和商业的用户提供高质量的产品和集产品、应用和服务于一体的解决方案。作为实验室、工业和商业环境中分析、检测及称重方案的提供者，梅特勒托利多正以其精良的产品，贴切的应用和周到的服务完美诠释着“让每个用户都满意”的承诺。

梅特勒托利多的质量方针是，每位员工无论从事何种活动都要做到预防为主，持续改进，把零缺陷的产品及时提供给顾客。

梅特勒托利多的环境方针是，每位员工无论从事何种活动都要做到预防为主，符合环境保护法律、法规及其他要求，努力实现并鼓励供方共同实现环境行为和环境管理体系的持续改进，把清洁环保的产品提供给顾客，把优美的环境提供给社会。

作为梅特勒托利多科技(中国)有限公司的工业衡器部门，其产品主要应用于化工、石化、港口、冶金、制药、环保、食品等行业。涵盖固体和液体物料的称重计量产品，包括汽车衡、轨道衡、称重传感器、称重仪表、平台秤、台秤、包装秤、罐装秤等。通过为客户提供专业的称重应用管理解决方案，帮助客户提高称重计量管理水平，减少因贸易计量精度而造成的经济损失和贸易纠纷。针对化工和石化行业客户，提供符合国际认证的防爆称重计量产品，为客户提供安全生产保障(图 3-82~图 3-85)。

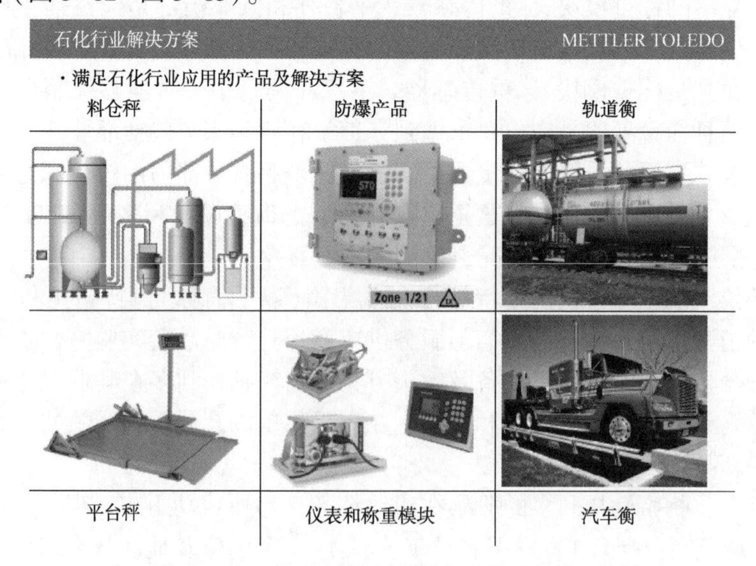

图 3-82　梅特勒托利多的各种计量产品

典型方案介绍-大容量料罐计量 METTLER TOLEDO

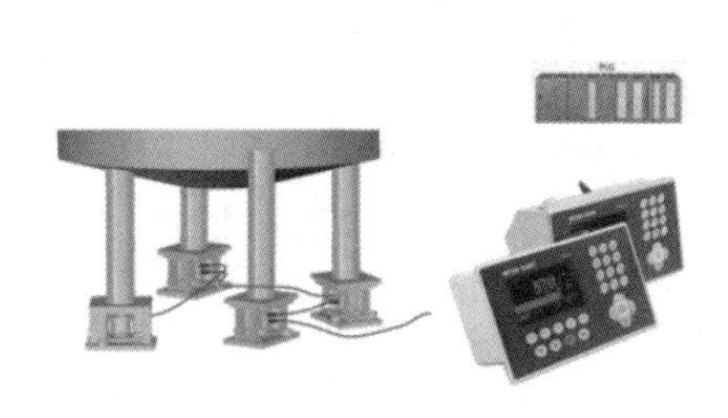

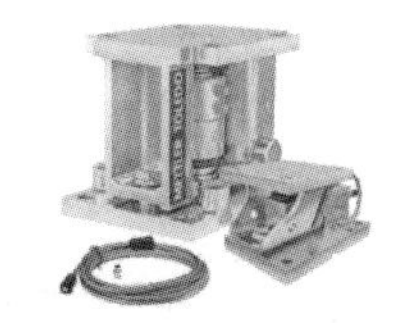

- 数字传感器无接线盒，安装方便，免标定
- 系统可靠性增强，及时发现故障点，避免经济损失
- 仪表存储传感器标定数据，快速更换，不影响生产计划

图 3-83　梅特勒托利多的称重模块/称重传感器

配料管理——平台秤称重 METTLER TOLEDO

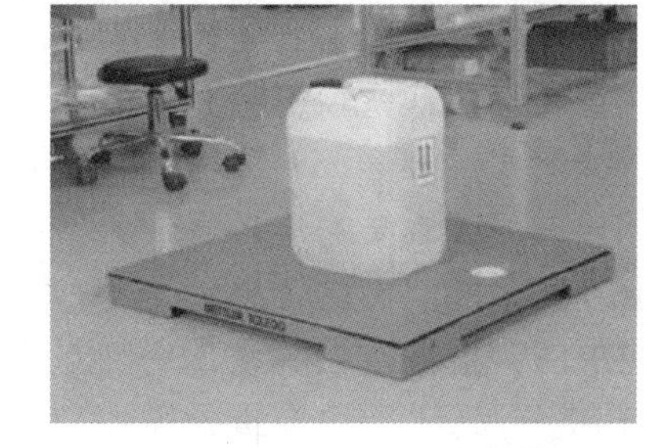

应用环节

- 预混环节

MT产品方案

- 平台秤+无线称重套件

产品/方案价值点

- 称重精度高且稳定，避免贸易纠纷
- 结构坚固，可靠耐用，维护成本低
- 移动方便，有助于减少潜在的安全隐患

2年电池寿命
不像其他无线设备一样需要频繁更换电池或者充电，梅特勒托利多的ACW520无线称重套件，通过特有的节能技术和高能电池，可以支持长达2年不用换电池，帮助您免除了无谓的充电或者电池更换时间，大大提高了设备的运行效率。

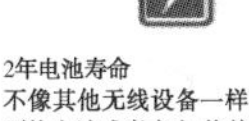

无线移动
没有电缆束缚，移动你的称重设备到任何你需要的地方，不需要的时候可以移开，帮助你实现精益生产，节省空间，让你的平台秤没有线缆的束缚，自由移动到不同产线实现共享，从而避免重复采购，节省费用。

改造升级无压力
通过无线改造，用极低的成本，增加了你现有平台秤的灵活性。升级套件能够匹配70%以上的平台秤，这极大地方便了你各式秤台的改造。

图 3-84　梅特勒托利多的平台秤

贸易计量管理——汽车衡称重系统 METTLER TOLEDO

应用环节

- 原料进出厂称量

MT产品方案

- 汽车衡称重系统

产品/方案价值点

- 使用寿命长，一次投资，10~20年长期可靠使用
- 工作稳定可靠，抵御各种环境影响，减少停机时间
- 精确计量，避免营运损失
- 防止作弊，减少营运风险
- 丰富的数据接口，直接和公司数据系统相连接
- 维护方便，费用低
- 优质的售前售后服务

现代收银机

图 3-85 梅特勒托利多的汽车衡

3.10 过滤器(Filtration Machine)

在润滑油调配厂(LOBP)有两种过滤器，一种是输送泵前过滤器，还有一种是灌装线前过滤器，分别介绍如下。

1. 输送泵前过滤器

这种过滤器主要用来保护泵的吸入头，不让较大颗粒的物体进入泵内，在高速运行下，这些颗粒会对泵体产生严重的损伤。根据不同的用途，泵前过滤可以分为篮式过滤器、Y 型过滤器和倒 T 型过滤器。通常篮式过滤器用在基础油储罐的出口，因为泵的流量比较大，一般在 50~80m^3/h，采用这种侧上进侧下出的过滤器对泵的阻力比较小。另外，如前所叙，还可以在过滤器前后设置差压变送器(DPT)，根据压力的变化来判断过滤网是否有被堵塞的现象，减少需要经常停泵拆开过滤器上的法兰盲盖检查过滤网的工作情况。Y 型过滤器用在添加剂储罐的出口，由于泵的流量比较小，一般在 10~15m^3/h，采用此类过滤器比较方便，随时可以卸掉法兰连接，抽出滤芯进行检查和清洗。倒 T 型过滤器通常用在成品油储罐的出口，原因是这种过滤器可以避免更换成品油种类时出现相互的污染，当然以上这些用法不是固定的，也可以全部采用篮式过滤器，不过采用它需要在底部设有排净装置。无论是哪种过滤器，由于都是用来保护泵，阻挡一些颗粒比较大的物体，因此过滤网目数都不会很高，通常在 20~40 目之间，太高会使泵产生气蚀，抽不上液体，尤其是黏度比较高的添加剂物料。

2. 灌装线前过滤器

这种过滤器是为了使成品油在灌装前达到更进一步的清洁程度，提高产品质

量。一般有袋式过滤器和滤芯式过滤器两种，袋式过滤器在润滑油行业里是一种最常见的产品灌装前过滤器，根据过滤面积的大小，常用的分为单袋式过滤器和四袋式过滤器。通常成品罐的泵流量在25~40m^3/h，小流量可以采用单袋式过滤器，大流量就要使用四袋式过滤器。由于过滤袋需要经常清洗，因此采用快开式过滤器比较方便。过滤精度要看选择什么样的过滤袋，选择无纺布过滤袋，过滤精度0.3~600μm；选择尼龙过滤袋，过滤精度25~600μm。

除了颗粒度大小要求以外，有的润滑油产品还要求有β值，β值是指过滤效率，数值越高，过滤效果越好。譬如β20，过滤前是100000个颗粒，过滤后只有8000个颗粒，过滤效率是92%。在润滑油行业中大多数产品要求过滤精度和过滤效率分别是40μm和β20。另外，还有一种表示过滤清洁程度的指标是美国采用的NAS 1638标准，从00到12级数，级数越低清洁程度越高，譬如NAS 5要比NAS 8清洁程度高。

在润滑油调配厂(LOBP)，还有一种过滤效率更高的叫作滤芯式过滤器，不管过滤精度要求达到多少微米，β值都在≥1000。

过滤精度的选择是产品在灌装出厂前的最后一道提高润滑油品质的工序，也是保证生产高档润滑油最重要的措施之一。因此，各大生产高档润滑油的外资公司都相当重视过滤精度的选择，除了前面讲到的在润滑油行业中大多数产品要求过滤精度和过滤效率在40μm和β20外，有的公司还采用更高的标准，譬如刹车液要求在10μm和β1000，而且对每一种产品基本上都有过滤精度和过滤效率的要求，同时还会根据市场的需求每隔一个阶段进行这些过滤要求的调整。

图3-86~图3-91、表3-2、表3-3是这几种过滤器的配置图和它们在现场的安装情况以及两个过滤网目数与过滤精度和β值与过滤效率对照表，还有β值的举例说明，仅供参考。

表3-2 过滤网目数和过滤精度的对照表

目数	过滤精度/μm	目数	过滤精度/μm	目数	过滤精度/μm
5	3900	140	104	1600	10
10	2000	170	89	1800	8
16	1190	200	74	2000	6.5
20	840	230	61	2500	5.5
25	710	270	53	3000	5
30	590	325	44	3500	4.5
35	500	400	38	4000	3.4
40	420	460	30	5000	2.7
45	350	540	26	6000	2.5
50	297	650	21	7000	1.25
60	250	800	19		
80	178	900	15		

注：过滤网的目数是指每平方英寸的面积上的网格数。

表 3-3 β 值和过滤效率的对照表

颗粒物数目		β 值	效率/%
Upstream	*Downstream*		
100000	100000	1	0
100000	20000	5	80
100000	10000	10	90
100000	2000	50	98
100000	1000	100	99
100000	200	500	99.8
100000	100	1000	99.9
100000	20	5000	99.98

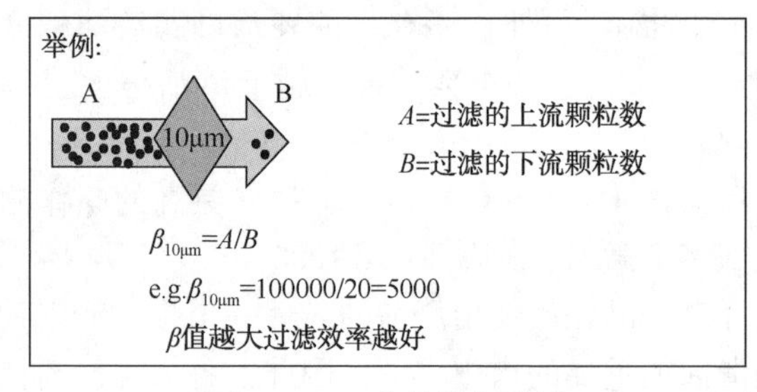

图 3-86 β 值的举例说明

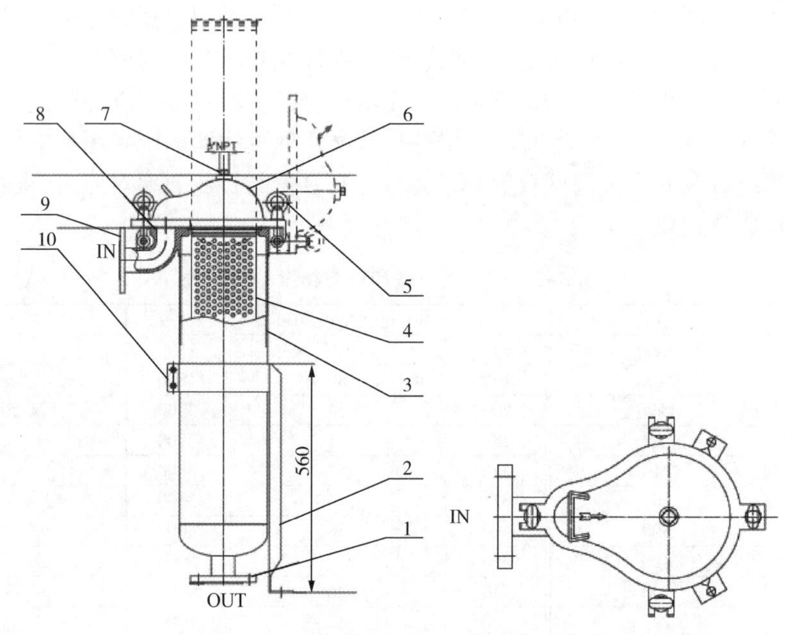

图 3-87 SAM 单袋式过滤器的配置图

1—出口法兰；2—支承架；3—筒体；4—网篮；5—快拆螺栓组；6—上盖；7—排气口；8—密封圈；9—进口法兰；10—抱箍

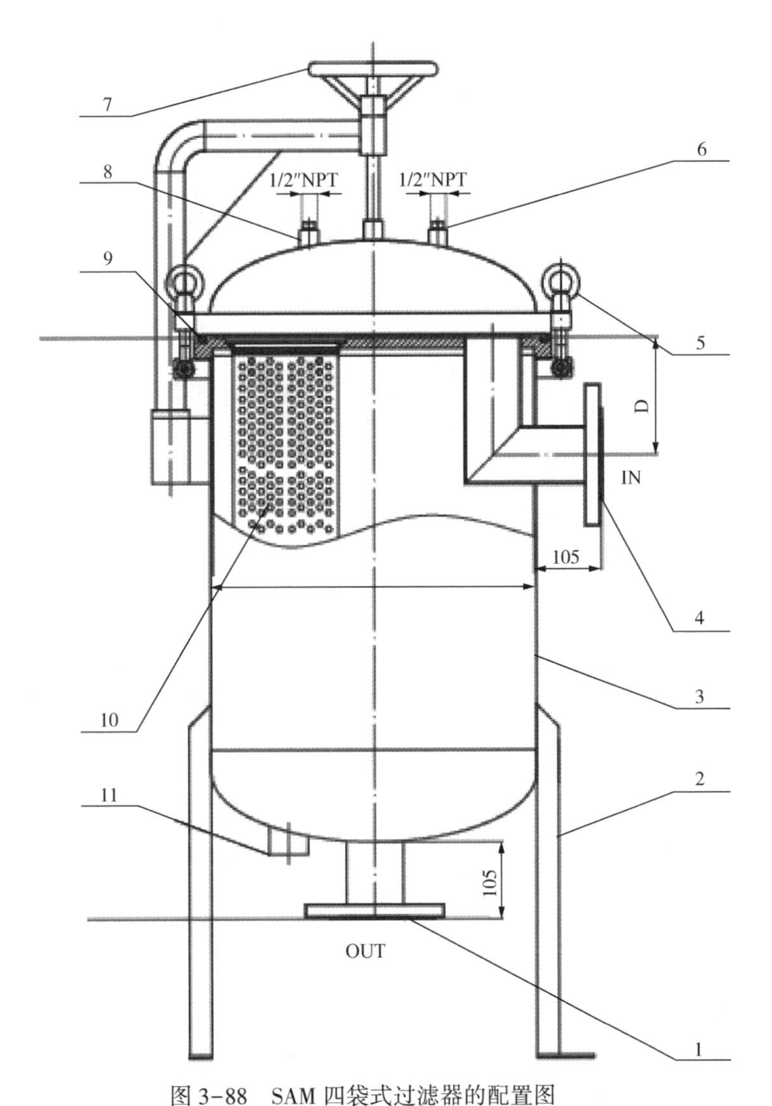

图 3-88 SAM 四袋式过滤器的配置图

1—出口法兰；2—支承架；3—筒体；4—进口法兰；5—快拆螺栓组；6—排气口；7—手轮；8—压力表口；9—密封圈；10—网篮；11—排净口

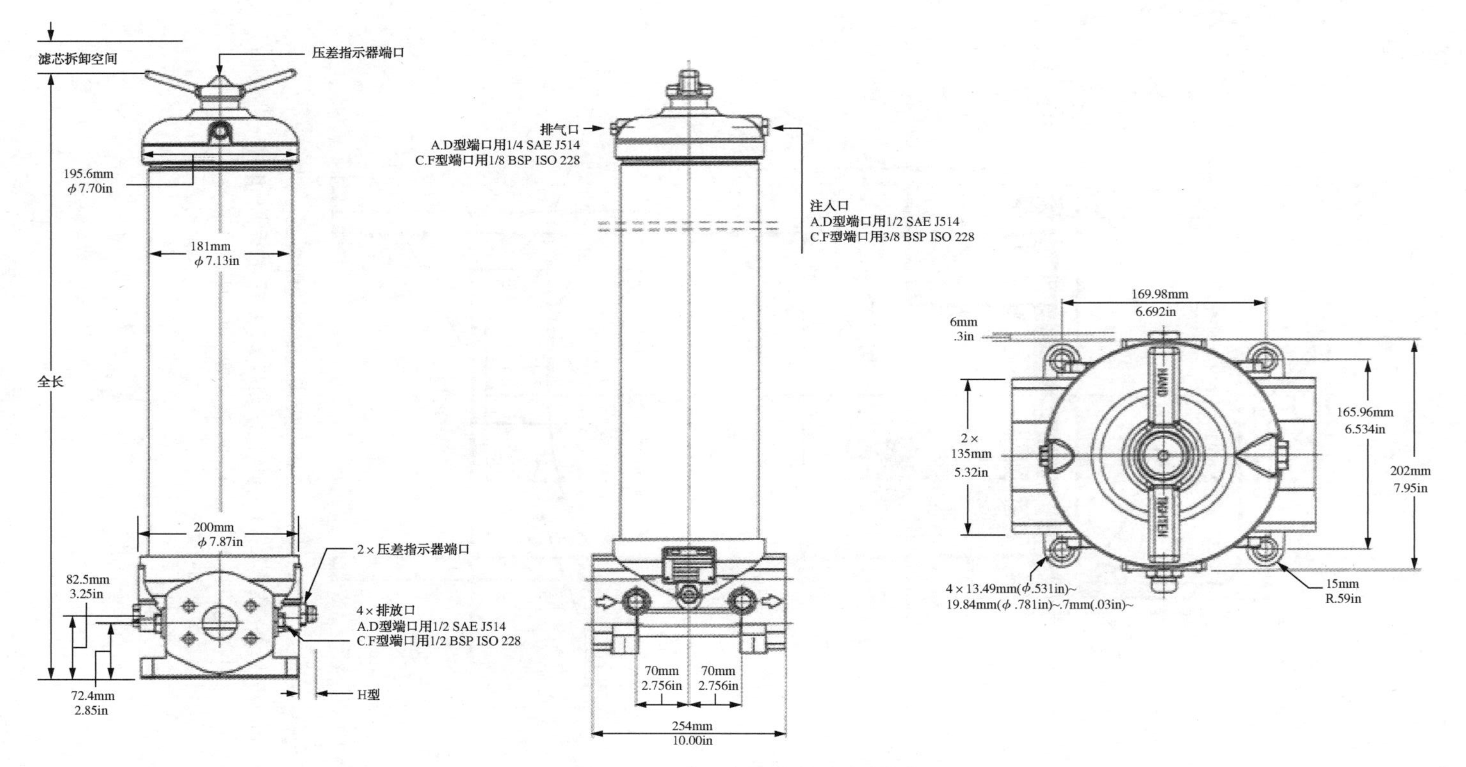

图3-89 PALL滤芯式过滤器的配置图

图 3-90 PALL 滤芯式和单袋式过滤器在现场的安装情况

图 3-91 单袋式和四袋式过滤器在现场的安装情况

3. 颗粒检测仪(Particle Counter)

这是一种监控过滤效果的仪器，有在线的也有便携式的，根据现场情况来配置。当然在润滑油行业里还有采用在线含水检测仪、在线黏度检测仪、在线密度检测仪等，也是根据现场需要来设置。不过，不管你在现场采用什么样形式的检测仪，都不如在实验室采用仪器测量取样得到的结果更加准确和可靠，因为现场会受到众多环境因素的影响，这就是每个润滑油调配厂(LOBP)都会建设一个实验室的原因。

3.11 灌装线(Filling Lines)

在润滑油生产厂，根据包装物的形式分为小包装线(0.5~6L)，中包装线(9~20L)，大包装线(200~1000L)。现在分别阐述如下：

1. 1000L/200L/18L 灌装线

这些灌装线由于产量比较低，因此经常采用中低速灌装线。通常18L塑料敞开桶，灌装速度每小时240~600桶，灌装精度±0.2%；200L标准铁桶，灌装速度每小时45~80桶，灌装精度±0.2%；1000L单桶，灌装速度每小时10~12桶，灌装精度±0.1%。这些灌装线，一般配置有：

(1) 18L灌装线：自动上桶机、贴标机、灌装机、自动上盖机、自动压盖机、喷码机、机械手码垛机、托盘仓、缠膜机、桶输送机以及托盘输送机。

(2) 200L灌装线：空桶输送机、贴标机、卸盖机(内盖)、喷码机、灌装机、自动拧盖机、夹盖(含外盖)、重桶输送机、码垛机、托盘仓、托盘输送机等。

北京恒拓包装设备有限公司是上述润滑油灌装线的专业供应商，可以提供全系列的各类包装线，已经从事这个行业25年，产品被各大润滑油知名企业所选用，性价比高，运行稳定，是理想的选用品牌。图3-92~图3-96是各种类型灌装线的布置图和在现场的使用情况，仅供参考。

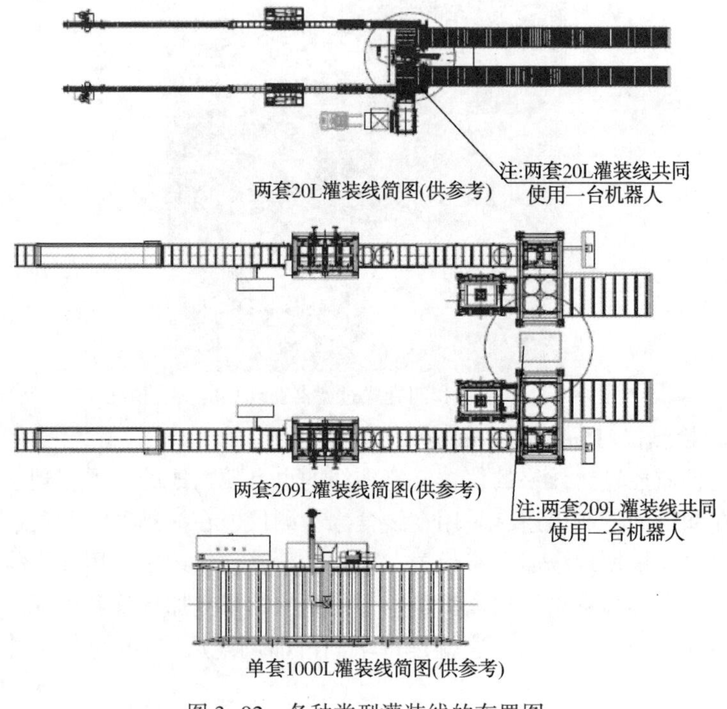

图3-92 各种类型灌装线的布置图

图 3-93　18L 灌装机在现场的使用情况

图 3-94　18L 机械手和缠膜机在现场的使用情况

图 3-95 200L 灌装线在现场的使用情况

图 3-96 1000L 灌装线在现场的使用情况

2. 1L/L~4L/4L 灌装线

1L 和 4L 灌装线以及两者替换使用的多功能灌装线在润滑油调配厂被称为小包装灌装线，并且都是高速灌装线，1L 线灌装速度每分钟可以达到 300 瓶，4L 线灌装速度每分钟可以从 100~1000 瓶，而 1L 和 4L 多功能线灌装速度每分钟可以分别达到 300 瓶和 100 瓶，根据需要来确认灌装速度。不管采用何种灌装速度，由于速度比较快，整条灌装线的配置和协调性要求非常高。经常在选择高速灌装线时，要求如表 3-4 所示。

表 3-4　高速灌装线的一些要求

多项特性	标　　准
单灌装机效率	97%
整条灌装线效率	90%
多功能灌装线转换时间	少于 30min(由供应商确认)
1L 灌装线的精度	全部灌装线的性能 CPK 要求 1. 33 或更高，要求灌装精度±0. 2%(±1. 8g/1L)
4L 灌装线的精度	全部灌装线的性能 CPK 要求 1. 33 或更高，要求灌装精度±0. 2%(±7. 2g/4L)
1L 和 4L 灌装线的精度	全部灌装线的性能 CPK 要求 1. 33 或更高，要求灌装精度±0. 2%(±1. 8g/1L，±7. 2g/4L)

注：1. CPK1. 33 是指对灌装线要求的过程控制能力即灌装合格率能够做到 4 西格玛(δ)，达到 99. 9937%，即一百万个产品中只容许 63 个不合格。由于存在测量值的分布偏差，因此最终能够达到产品合格率的应该在 99%以上，这是普遍的要求。

2. CPK：Complex Process Capability Index，是现代企业用于表示制成能力的指标，数值越大表示品质越佳。

高速灌装线通常选用国外成套设备，浙江壳牌和江苏碧辟选用的是意大利的 OCME 和韩国的 Parkon 小包装灌装线。各有特点，意大利的 OCME 要贵一些，不过它的运行可靠性和稳定性相当高，而且在浙江嘉兴还有配套生产厂家即奥克梅包装设备(嘉兴)有限公司，根据 OCME 意大利总部提供的设计和技术要求生产配套的纸箱裹包机和码垛机等，并能及时提供售后服务和零配件。韩国的 Parkon 要便宜一些，服务也很好，只是同意大利的 OCME 相比，差一个档次。以下是高速灌装线的设备配置流程图、OCME 灌装线在润滑油调合厂(LOBP)车间的布置图和在现场的安装情况以及 OCME 灌装线介绍的详细资料(图 3-97~图 3-117)，仅供参考。

OCME 灌装线在
生产车间的布置图

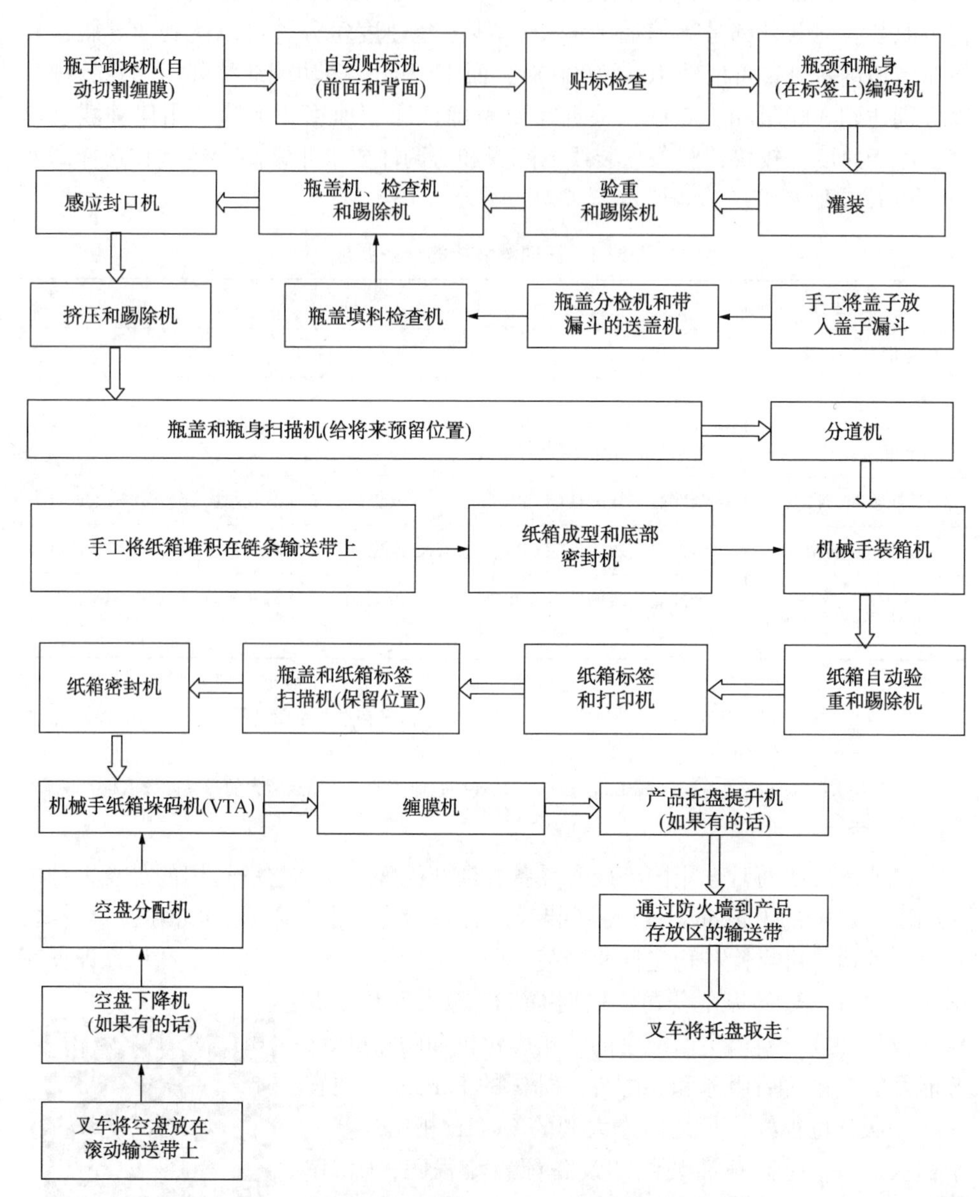

图 3-97　高速灌装线的设备配置流程图

图 3-98 OCME 整条灌装线在现场的安装情况

图 3-99 OCME 灌装机在现场的使用情况

Libra R5-30 称重式灌装机

主要特点:

- 模块式结构布置
- 专利设计的灌装阀
- 没有运动干扰的产品储罐
- 称重传感器和电子卡
- 输入螺杆
- 无需工具的桶型规格转换
- 配有Albatros管理系统的操作界面

图 3-100 OCME 高速灌装线介绍之一

涉及行业范围

净重称重式灌装机可满足下列有关行业的需要:

- 洗涤剂和家用清洁品
- 个人护理用品
- 润滑油(润滑油、添加剂等)
- 食用油和调味品
- 水(大瓶)

图 3-101 OCME 高速灌装线介绍之二

适用范围

- 生产速度:
  从3600~60000 桶/h
- 可处理的容器类型:
  塑料、玻璃、金属桶等
  从50mL~30L
- 灌装站数量:
  最多可达112个

图 3-102 OCME 高速灌装线介绍之三

称重式灌装工作原理

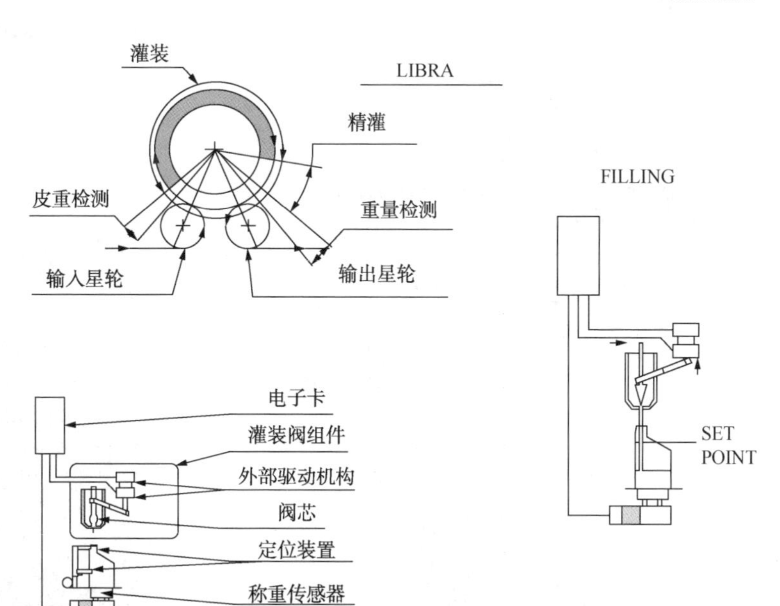

图 3-103 OCME 高速灌装线介绍之四

模块式结构布置

灌装机的设计适合不同的布置方案，输入单元、灌装单元和上盖单元均为模块式结构，可以方便地组合在一起，具有下列优点：

- 可以经济地更换新的灌装或上盖单元来提高生产线的产量，设备改造弹性大；
- 外形尺寸适合常规运输；
- 产品规格转换时操作方便容易。

图 3-104　OCME 高速灌装线介绍之五

专利设计的灌装阀

&外部驱动机构

ISO 9001
50
ocme
MOVING IDEAS

外部驱动的气动机构控制灌装阀进行两级灌装(粗灌和精灌)
专利灌装阀带有中心孔道:

A.灌装过程中，可同时注入惰性气体或添加剂，
防止被灌装产品氧化(选择项)。
或者

B.通过气动机构吸回灌装完成时的最后一滴产品，
确保绝无滴漏。或对于特别黏的产品可吹出最后
一滴产品(选择项)。

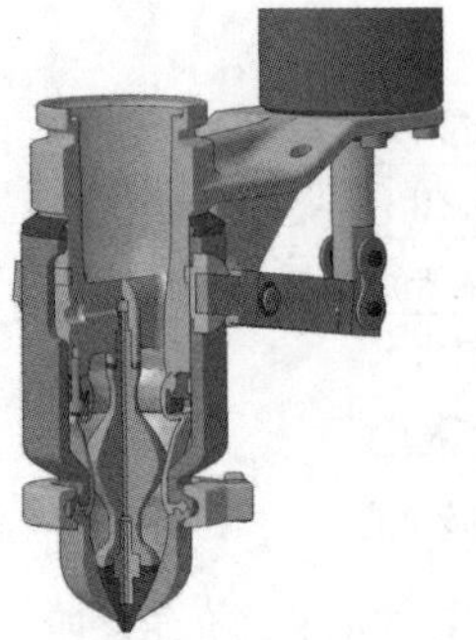

图 3-105　OCME 高速灌装线介绍之六

阀的外部驱动机构

- 灌装阀的驱动机构由Bosch按照OCME的设计专门制造；
- 创新的2-级气动驱动阀进行粗灌和精灌，需要时可调节。

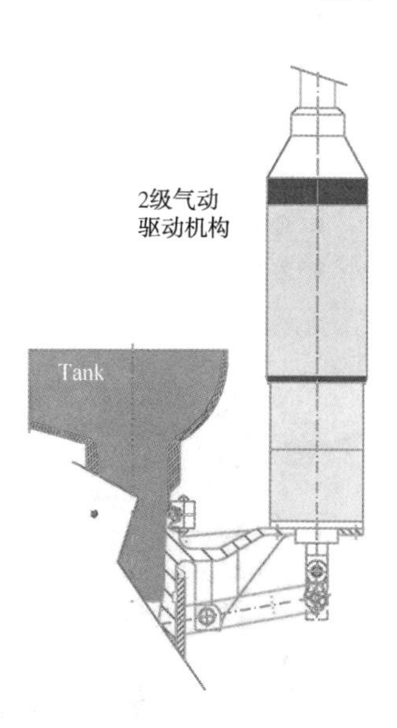

- 两级灌装过程平稳过渡，避免产品起泡；
- 只用3条快开软管与气动系统相连；
- 人性化的设计、结构紧凑、易于清洗和维护；
- 由称重电子卡直接控制，动作位置精确。

图 3-106 OCME 高速灌装线介绍之七

ISO 9001
ocme
MOVING IDEAS

产品储罐内没有运动干扰

设计遵守下列标准规范:

- ☐ prEN1672-2食品加工设备安全卫生规定(选择项)；
- ☐ prEN415-1,2,3包装设备安全规定(选择项)；
- ☐ 设计简单，符合最高卫生标准；
- ☐ 接触产品的零部件采用AISI316不锈钢或其他材料(选择项)；
- ☐ 表面抛光精度0.8μm(选择项)；
- ☐ 连接焊缝光滑无毛刺；
- ☐ 配置储罐加压装置(选择项)；
- ☐ 容易清洁，无死角；
- ☐ 储罐的设计使产品易于脱气、防止起泡；
- ☐ 独特的储罐形状，可降低产品内的气体含量。

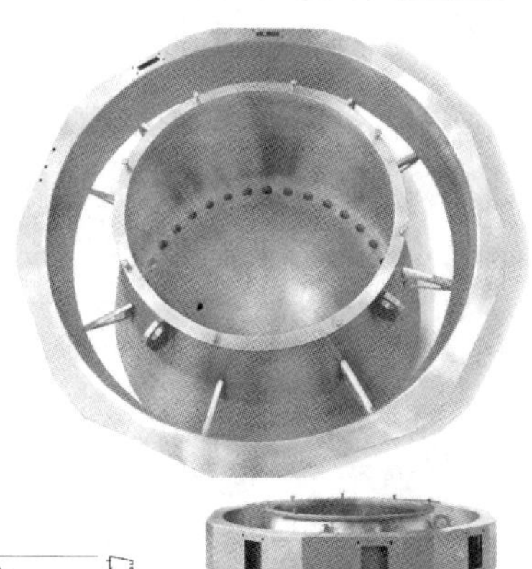

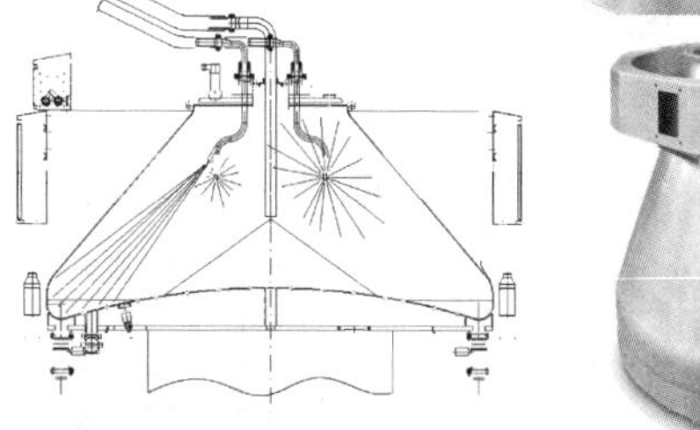

图 3-107 OCME 高速灌装线介绍之八

清洗和排放
(选择项)

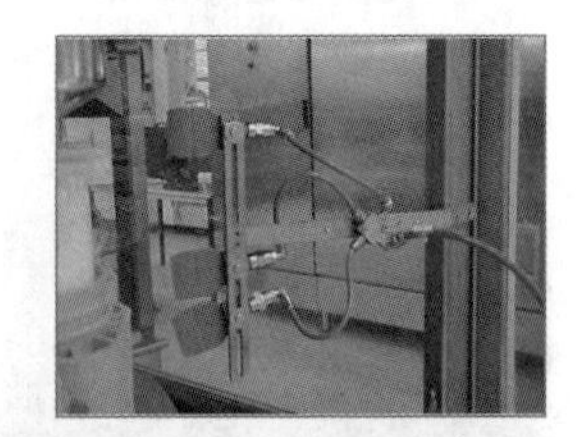

- 清洗和排放循环可以从控制盘上选择；
- 清洗系统包括两个喷球和喷管；
- 自动排放配有回收罐；
- 为尽量减少排放时间另外设有排放槽和排放阀。

图 3-108　OCME 高速灌装线介绍之九

加压储罐（选择项）

可以通过一旋转的衬垫使固定的储罐盖子与旋转的储罐相连，从而可以对储罐施加一定的压力，主要应用于下列情况:

- 储罐内的产品量不足以使产品按要求的速度流出灌装阀的情况
  (例如生产快结束时或灌装速度太低时)；
- 产品黏度很高的情况。

图 3-109　OCME 高速灌装线介绍之十

ISO 9001 ocme MOVING IDEAS

称重传感器和电子卡

所有电子卡都位于灌装头的上方，安装在产品储罐的外部，易于观察；采用偏心型称重传感器保证灌装精度：

- ❑不需要平行四边形机构传递重力；
- ❑取消了非垂直向量构件(垂直读数是决定准确称重的关键)；
- ❑专门设计的称重传感器完全可冲洗；
- ❑每个电子卡控制2个称重传感器。

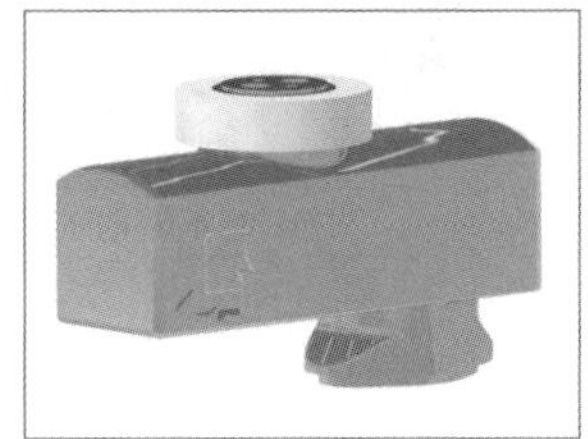

图 3-110　OCME 高速灌装线介绍之十一

称重传感器和电子卡

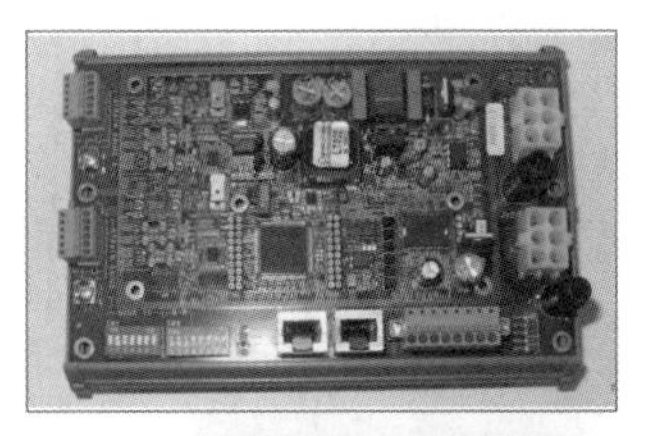

- 偏心型称重传感器易于清洗(防护等级IP67)，由专业供应商按照OCME设计制造；
- 对于旋转速度变化、振动和非连续灌装引起的偏差设有软件补偿；
- 一个电子卡控制两个灌装站；
- 发光二极管显示设备操作的控制状态(选择项)；
- 通过高速CAN-BUS方式与工控机相连；
- 万一损坏也可方便地拆装、更换新件；
- 符合感应合成电磁标准。

离心力电子补偿；
称重传感器更换时间只需7min。

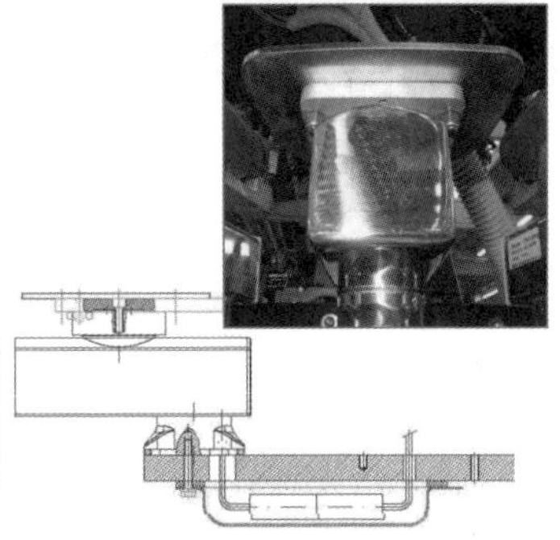

图 3-111　OCME 高速灌装线介绍之十二

输入螺杆

采用一个无刷电机驱动双输入螺杆

- 两个输入螺杆通过万向接头固定在设备上，与灌装机分别独立驱动。

- 万一某个灌装站出现问题，输入螺杆可停止向该灌装站输入空桶，却不影响向其他灌装站的正常工作。

图 3-112　OCME 高速灌装线介绍之十三

无工具规格转换

- 所有零件的规格转换无需工具;

- 灌装头、上盖头高度自动调节(选择项);

- 星轮、导板和螺杆等转换件采用快速释放连接;

- 规格转换特别简单快捷。每套转换件采用不同的颜色加以区别。

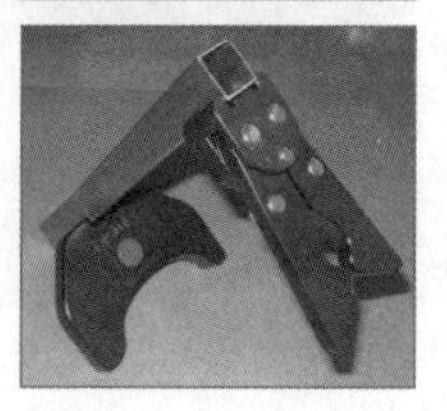

图 3-113　OCME 高速灌装线介绍之十四

踢除系统 (选择项)

- 在线踢除系统将被踢除的容器输送至独立的输送带，对灌装速度和生产循环没有任何影响，被踢除的容器包括：
  - 未上盖的容器；
  - 皮重超标的容器；
  - 灌装重量超标的容器；
  - 形状不正确的容器；
  - 质量抽检的容器；
  - 选出有特殊需要的容器。

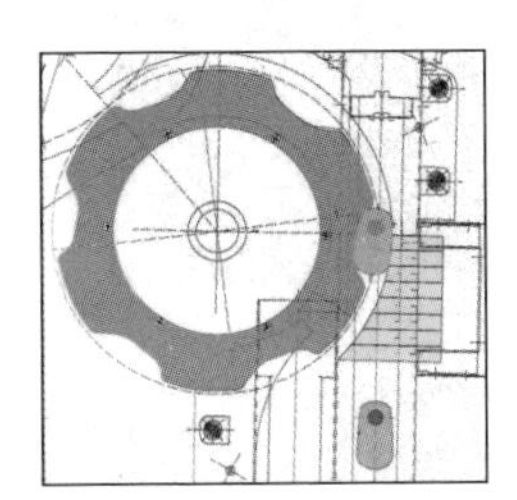

图 3-114 OCME 高速灌装线介绍之十五

Albatros 管理系统和软逻辑控制系统

- “Albatros” 操作界面：
  - 可进行所有工作参数的设定
  - 实时详细诊断和在线帮助功能
  - 生产数据库
  - 生产数据(如重量、报警等)全部储存在Excel文件中，便于以后查询分析
  - 自动计算标准偏差
  - 规格转换指导(选择项)
  - 远程服务(选择项)
  - 工控机内存有说明手册(选择项)
- “Soft- Logic” 软逻辑控制：
  - Windows 2000-RTX操作系统
  - CanOpen卡和Profibus卡
  - 保证的灌装循环周期
  - 远程服务软件

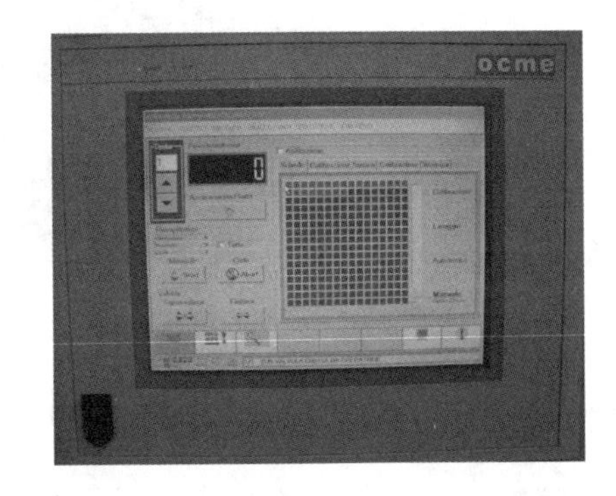

图 3-115 OCME 高速灌装线介绍之十六

产品灌装情况实时记录

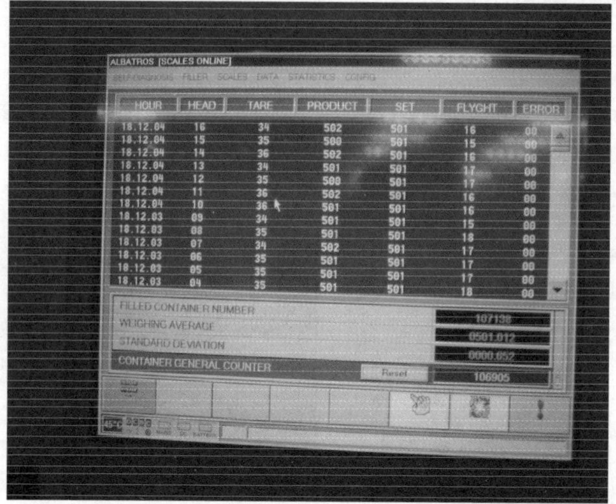

图 3-116　OCME 高速灌装线介绍之十七

上盖圆盘

- 上盖关键部件由专业厂家提供
  (如：Zalkin, Arol, Mengibar)
- 旋盖:
  - 旋转上盖头
  - 封盖控制
  - 上盖头上显示闭合数值
- 压盖
- 特殊盖子:
  - 需定向的盖子
  - 计量泵头盖

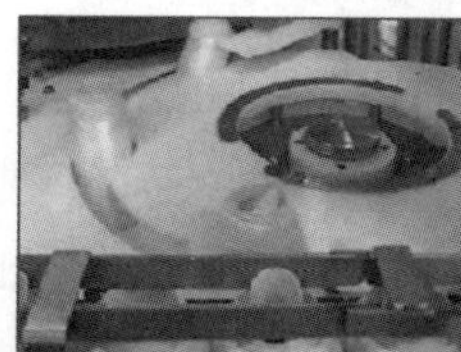

图 3-117　OCME 高速灌装线介绍之十八

3.12　非接触式自动识别技术(RFID)

如前一节所描述的那样，一家润滑油调配厂(LOBP)生产出来的各种产品，通过大小包装线灌装后，每天成千上万的包装产品，尤其是1L和4L瓶装润滑油需要出厂入库，并经过公司认可的经销商或代理商销往全国各地，因此从工厂到仓库再到经销商和用户手中这一系列的物流走向和管理，是工厂保证正常生产和安全运行的关键，也是避免出现人为错误和节省人员的重要步骤。因此浙江壳牌工厂和江苏碧辟工厂都采用一套完整的高效的管理系统和应用软件，即非接触式自动识别技术(RFID)，这是一套将在小包装高速灌装线上对瓶颈和瓶身激光打印码以及装瓶箱的条形码和瓶盖上的喷码进行扫描后，再采用机械手将一定数量的装瓶箱码垛到钳有芯片的托盘上进行芯片采集，一起传送到系统里进行归类和汇总，生成瓶码、箱码和托盘码三级数码对应表，上传到RFID数据库进行系统管理的体系，这套体系的好处是：

① 三码合一，一一对应；

② 可以追溯瓶子的去向；

③ 可以防止假冒伪劣产品；

④ 做到快速出货，加大周转；

⑤ 使仓储管理有条不紊，避免出错。

江苏碧辟工厂采用的是上海齐炫信息科技有限公司提供的非接触式自动识别技术系统，从设计到施工和调试一条龙服务，使用情况一直不错。图3-118~图3-120是RFID系统的配置结构和应用流程图，仅供参考。

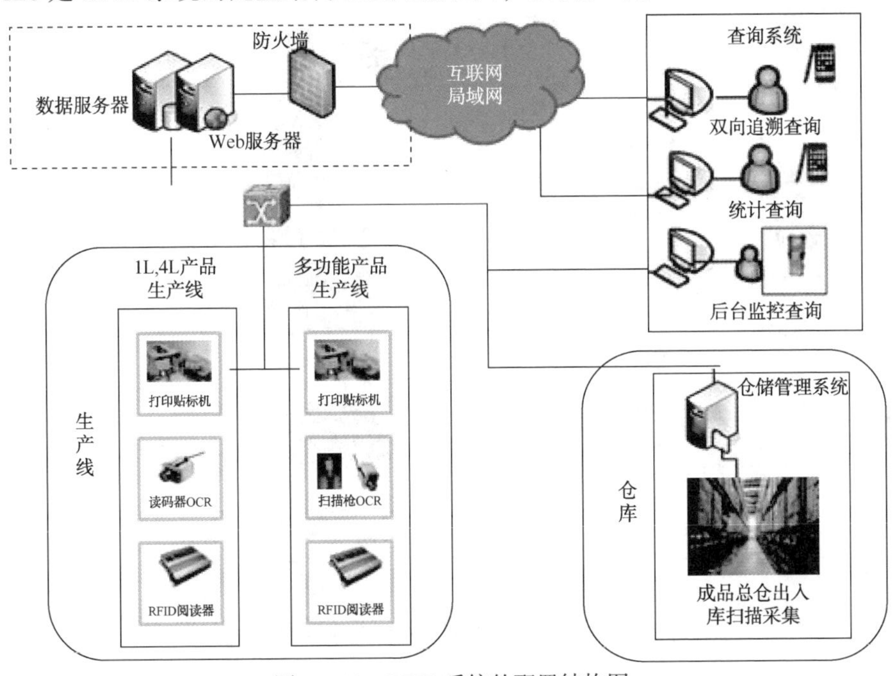

图3-118 RFID系统的配置结构图

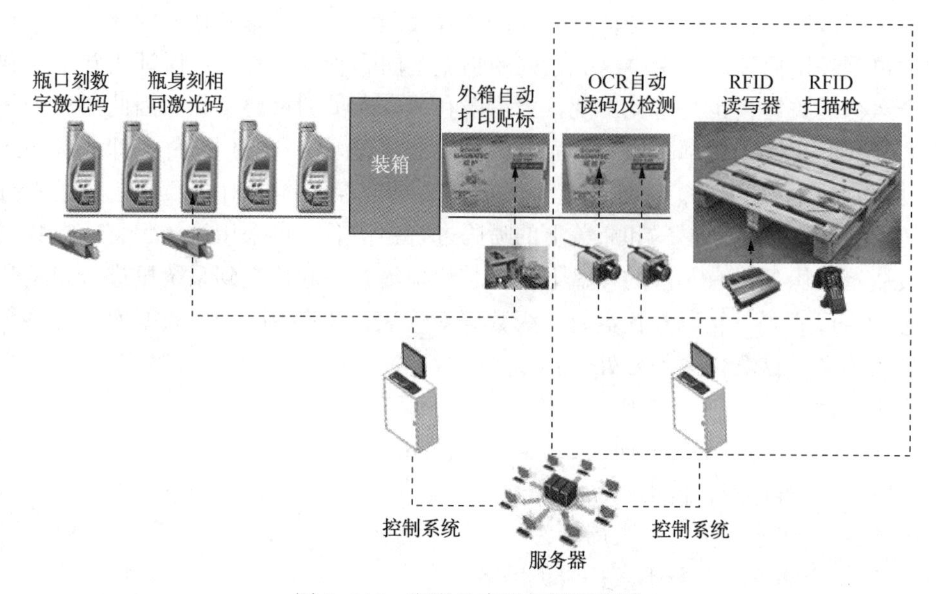

图 3-119　润滑油产品扫描流程图

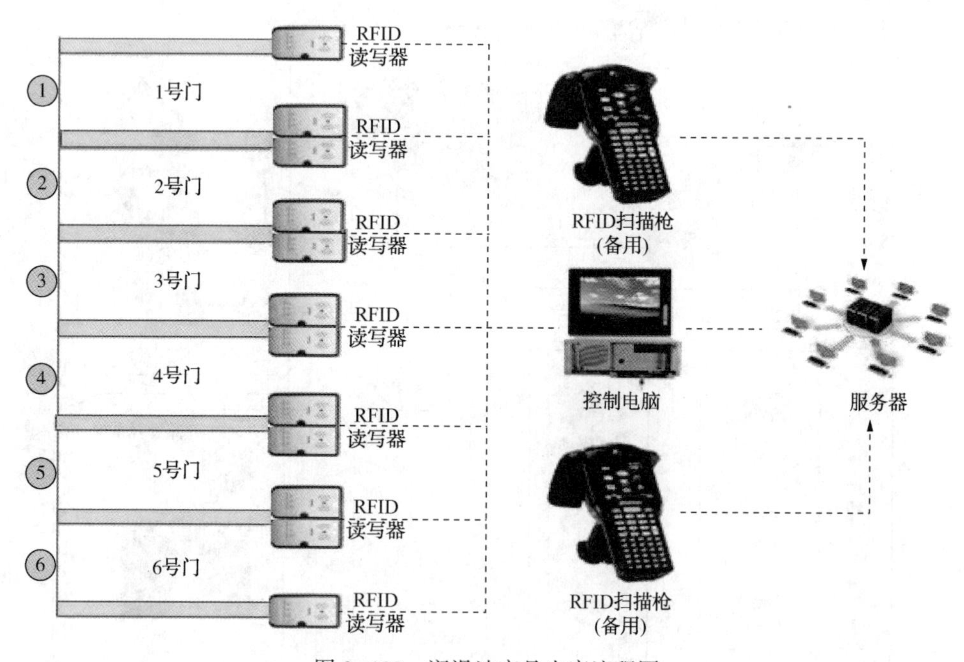

图 3-120　润滑油产品出库流程图

3.13 总结

以上介绍的是在润滑油生产过程中涉及的一些相关或配置比较常见的设备和附件，要确保这些设备和附件能够正常运行和使用，而且能够做到无任何安全事故，是工厂日常生产管理中的一件大事。譬如一些安全仪表和附件包括消防和电气以及公共设施需要定期检查和校验，一些关键设备包括消防和电气以及公共设施也需要定期的检修和维护保养。因此，通常在润滑油调配厂(LOBP)里包括我所参与过浙江壳牌和江苏碧辟的润滑油项目建设过程中，都无例外地把有关的关键设备和安全仪表以及附件的名称和型号列成详细的表格，说明每年或每隔多少周期需要定期的检查、校验和维护保养的时间以及要求作为竣工资料交付给工厂，让工厂落实到责任人和管理制度，做到设备和仪表以及附件在整个润滑油生产过程中的可靠性、可操作性和可维护性，也可以称作为“设备完整性管理”或者叫作“关键性设备管理”，这是工厂在生产过程中一项十分重要也是必不可少的工作。现将有关如何定义关键性设备和如何管理关键性设备的一些英文摘要表述如下，仅供参考：

5. Critical Equipment Description

The identification and management of critical equipment(health and safety, environmental, and business)can support a structured approach to maintaining the integrity of equipment and systems that are key to risk management. The differentiation between critical and other equipment can aid in prioritising work and appropriately allocating resources.

The consideration of critical equipment is based on the view that systems are comprised of subsystems and can be further broken down into individual components or equipment items. This approach recognises that even though a system can contain critical equipment, the entirety of the system(i. e. all the components or equipment in the system)might not be considered critical. The approach also recognises critical systems that need to be managed singly.

Identification and management of critical equipment allows for prioritisation of inspection, testing and maintenance work scheduling, provision of resources, and storage of parts needed to service and repair the critical equipment.

5.1 Categorisation of the Equipment Spectrum

Three categories of equipment are defined in this guidance note:

1. Standard Critical Equipment

2. Facility Specific Critical Equipment

3. Other Equipment.

The relationship between these categories of equipment is illustrated in Figure 1 and is described below.

5. 1. 1 Standard Critical Equipment

For the purposes of this guidance note, a list of Standard Critical Equipment has been developed, which is considered to be relevant to many facilities across the Group. The list of standard critical equipment is provided in Annex B.

This equipment is typically involved in the prevention or mitigation of scenarios with unmitigated severities for health, safety and environmental impacts greater than or equal to level E.

Where a facility has equipment on the standard critical equipment list then it is considered critical equipment for the purposes of this guidance note. The Engineering Authority can approve deletions from the Standard Critical Equipment List for a facility. This decision can be considered when the severity levels do not meet the HSE≥ E threshold for that facility. The decision is based on the severity level(consequence) alone and not on the risk level(i. e. does not consider likelihood).

5. 1. 2 Facility Specific Critical Equipment

A facility can have additional equipment deemed critical depending upon the facility specific hazards and locally applicable regulations. These are defined by the facility and categorised as Facility Specific Critical Equipment.

5. 1. 2. 1 Critical Equipment Based on Facility Specific Hazards

Equipment in this category is identified by considering equipment (not already listed as standard critical equipment) involved in the prevention or mitigation of scenarios with unmitigated severities for health, safety and environmental impacts greater than or equal to level E and unmitigated severities with business impacts greater than or equal to level D.

The Operations Leadership have the flexibility to include severity level E for Business impact if the D+ severity rating does not allow for efficient identification of equipment that would significantly impact their operations.

5. 1. 2. 2 Critical Equipment from Locally Applicable Regulations, Agreements and Permits

The Critical Equipment from locally applicable regulations can include three types of equipment:

a. Equipment specifically identified as "critical equipment", by the locally applicable regulations. Other terms are used to describe these such as "safety critical equipment", "safety critical elements", etc.

b. Equipment that is specifically identified in agreements made under locally applicable regulations, such as consent decrees.

c. Equipment that is required to meet or monitor compliance with locally applicable regulations or permits. Care being applied in this category to identify the specific equipment as opposed to the entire system.

A process that can be used for conducting a workshop to identify Facility Specific Critical Equipment is described in Annex C and Figure C. 1 shows a stepwise process.

5. 1. 3 Other Equipment

Equipment that is not contained in either of the categories defined in Sections 5. 1. 1 or 5. 1. 2 are categorised as Other Equipment. This category of equipment is not tagged as critical equipment.

5. 2 The Total Facility Critical Equipment List

The Total Facility Critical Equipment List is created by combining the following as illustrated in Figure 2:

Total Facility Critical Equipment List		Other Equipment
Standard Critical Equipment A standard list of critical equipment which is applicable across the Group	Facility Specific Critical Equipment Influenced by conditions specific to the operating *facility* for (HSE≥E) & (Business≥D) and local regulations	Facility Specific Category of equipment not tagged as critical equipment

Figure 1 Spectrum of Equipment

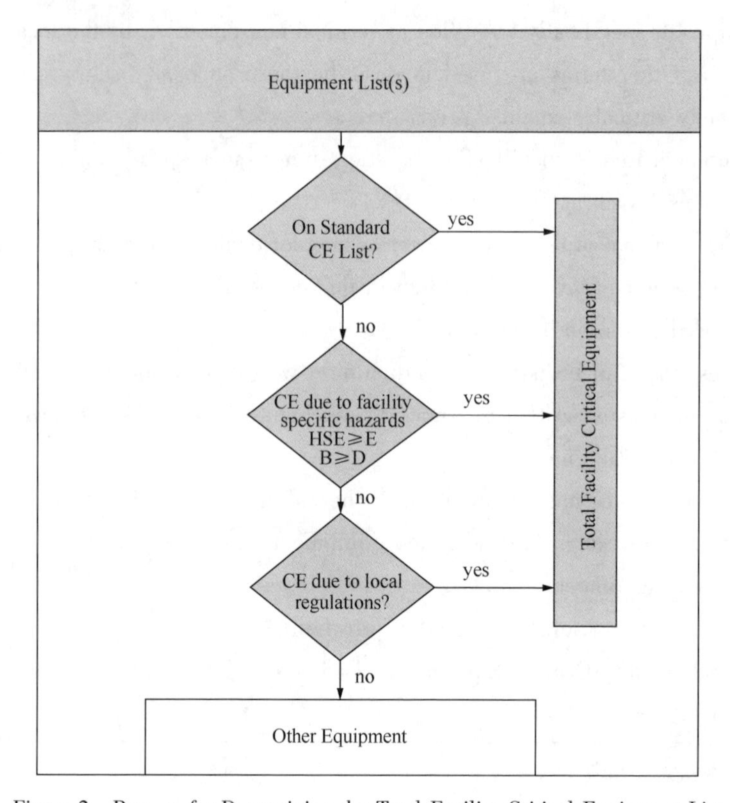

Figure 2 Process for Determining the Total Facility Critical Equipment List

a. The Standard Critical Equipment(CE)

b. The Facility Specific Critical Equipment based on facility specific hazards

c. The Facility Specific Critical Equipment identified as critical to meet locally applicable regulations, agreements and permit requirements.

5.3 Performance Criteria

Performance criteria can be documented in Group, Segment or Entity practices or procedures. Where performance criteria are established, they document the critical equipment functional requirements and can include the following:

a. Operating and design limits.

b. Testing, Inspection & Maintenance(based on an understanding of the potential ways the equipment could fail).

5.4 Critical Equipment Governance

For critical equipment, the governance associated with the identification, deferral of maintenance/testing/repair, and metrics can be subjected to a higher level of governance as described in Group, Segment or Entity Practices/Procedures. This section describes potential governance principles for managing critical equipment.

5.4.1 Accountability

The Entity Leader or Project Leader is accountable for the Total Facility Critical Equipment List.

5.4.2 Responsibility

The Entity Leader or delegate or the Project Engineering Manager is responsible for the management of the Total Facility Critical Equipment List.

5.4.3 Identification

Critical equipment is identifiable in the facility documentation and in inspection/maintenance management systems. The method of identification is determined by Group, Segment or Entity Procedures/Practices.

5.5 Inspection, Testing, and Maintenance Performance

System/equipment inspection, testing and maintenance (ITM) are normally conducted to assure that critical equipment is able to meet its performance criteria.

Group, segment or entity practices/procedures describe the prioritisation, planning, scheduling and execution of ITM work. The procedures typically include the following:

a. Leadership responsibilities in the performance of ITM work on critical equipment

b. The definition, reporting, and management of overdue ITM work on critical equipment

c. The definition, approval, and management of deferrals of ITM work on critical equipment.

d. A description of the relationship between the risk of a potential incident the critical equipment is intended to prevent or mitigate and the reporting levels for overdue and approval levels for deferral of ITM work on that critical equipment

5.6 Metrics Reporting

Group, segment or entity practices/procedures describe the details for metrics reporting. The following performance metrics can be tracked and reported to help verify that maintenance activities are properly prioritised, implemented and effective:

a. Number of overdue critical equipment ITM work orders.

b. Number of deferred critical equipment ITM work orders.

c. Number of repeat deferrals of ITM of critical equipment.

d. Number of critical equipment systems that fail to meet their performance criteria

For an OMS (Operating Management System) Entity applying this guidance note, the Total Facility Critical Equipment List is used for compiling the above metrics.

5.7 Critical Equipment List Update and Review

For an OMS Entity applying this guidance note, the Total Facility Critical Equipment List is continuously updated as changes are made to the facility. Changes in classification to all critical equipment go through an MOC(Management of Change) review and are documented in the Total Facility Critical Equipment List.

The suggested timeframe for a periodic review of the Total Facility Critical Equipment List for accuracy is every 5 years or sooner if there are major changes in the facility design or operation, locally applicable regulations, lessons learned from equipment failure, or changes in the overall facility risk profile.

Annex C

A method that can be used for critical equipment determination

This section describes a process that can be used to support identification of critical equipment at a facility(see Figure C. 1). The process is in the form of a workshop as outlined in the following steps:

C. 1 Form the Workshop Team

The workshop participants consist of a small core team of approximately 4 persons including representative from discipline engineering, reliability and maintenance, and operations. One or more of these persons would be familiar with the facility's hazards and studies(e. g. HAZOP and LOPA) that are included within the scope of equipment being reviewed.

Determination of critical equipment at a facility is not a repeat of, nor is it intended to be added to the scope of the HAZOP or LOPA. Repeating the studies would not be efficient and adding this to the scope would degrade the efficiencies of the HAZOP and LOPA studies

C. 2 Gather Data and Documentation to Support the Workshop

Gather relevant data and documentation to support the workshop. Some examples of these include:

a. P&IDs(Piping & Instrument Diagram)

b. PFDs(Process Flow Diagram)

c. Plot Plans Showing Facility Layout

d. HAZID(Hazard Identification)Studies

e. HAZOP(Hazard and Operability)Studies

f. LOPA(Layers of Protection Analysis)Studies

g. FLRA's(Foundation Level Risk Assessment)

h. CTALA's(Corrosion Threat and Likelihood Assessment)

i. Cause and Effect Charts

j. SIF(Safety Instrumented Function)Register

k. Control Loop IPL(Independent Protection Layer)Register

l. Alarm Response Manual(Listing Safety Related and Mitigation Alarms)

m. Hazard & Risk Registers

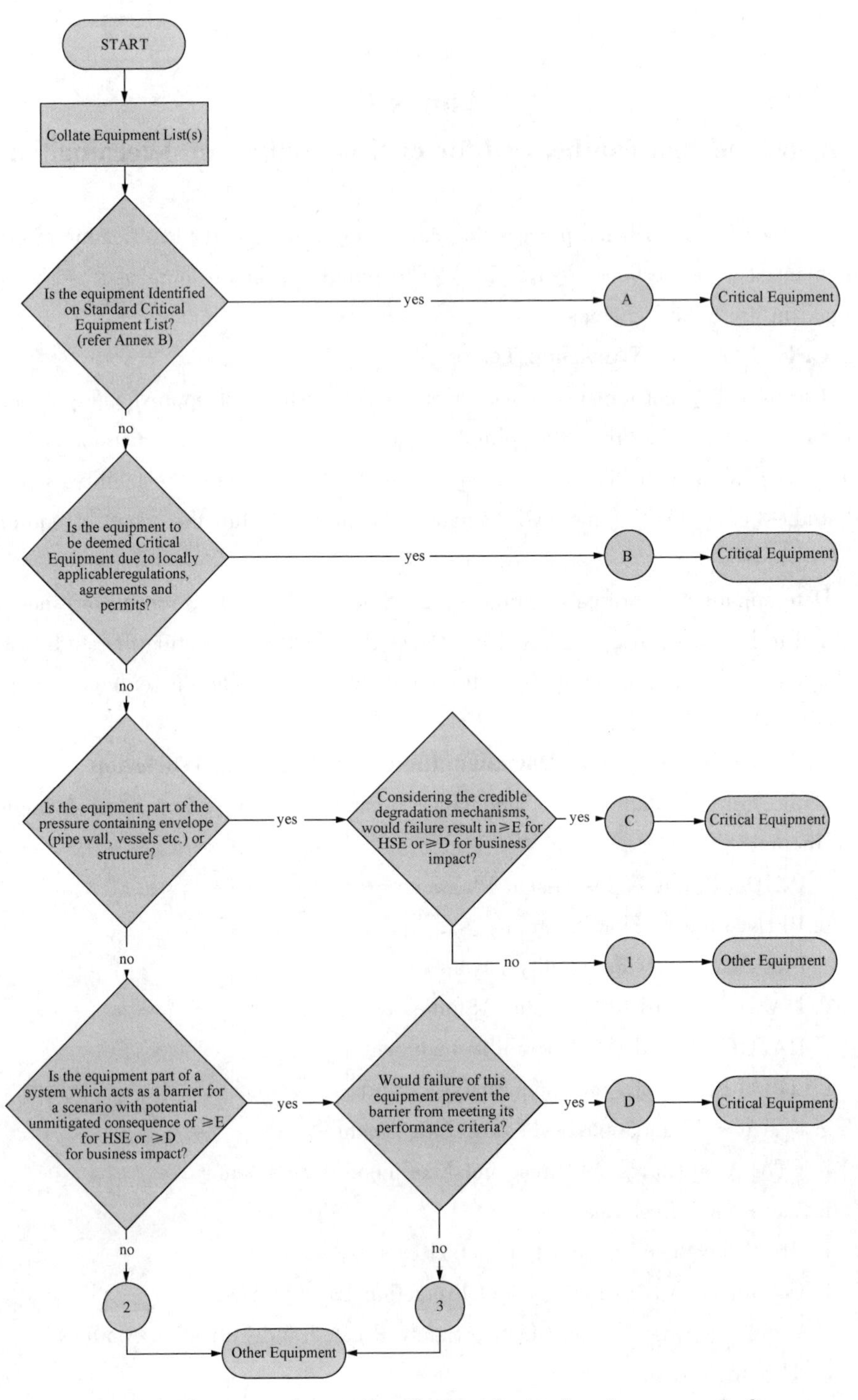

Figure C. 1　Process to support identification of critical equipment at a facility

n. Fire and Explosion Hazard Management Studies

o. Bowtie(where available)

p. FMECA

q. SCDM(Safety Critical Design Measure)Register

r. Locally Applicable Regulations

s. RBA output

t. Other Process Safety and Environmental Studies

C.3 Collate the Full List of Equipment

Collate the list of equipment to be reviewed. This is typically the Master Equipment List(MEL)or can be a combination of several lists.

C.4 Identify the Standard Critical Equipment

Identify those equipment on the collated list(s) that are Standard Critical Equipment as included in Annex B.

C.5 Identify Equipment That are to be Deemed Critical Due to Locally Applicable Regulations, Agreements and Permits

Identify those equipment on the collated list(s)that are to be deemed critical due to locally applicable regulations, agreements and permits. These can include:

a. Equipment specifically identified as "critical equipment", by the locally applicable regulations. Other terms are used to describe these such as "safety critical equipment", "safety critical elements", etc.

b. Equipment that is specifically identified in agreements made under locally applicable regulations, such as consent decrees.

c. Equipment that is required to meet or monitor compliance with locally applicable regulations or permits. Care being applied in this category to identify the specific equipment as opposed to the entire system.

C.6 Identify the Critical Equipment Based on Facility Specific Hazards

a. For each of the remaining systems/equipment, review the hazardous scenarios where this system/equipment can act as a barrier. This review uses the information contained in the supporting studies(e. g. credited as IPL in LOPA).

b. Where the consequence of the scenario is at an unmitigated severity level E or above for health and safety and environmental events or D or above for business impact events using the risk matrix, this equipment is considered critical.

C.7 Document the Workshop

The workshop can be documented using the template provided in Annex D. The review documents the following:

a. Scenario considered

b. Equipment of interest

c. Potential consequence

d. Criticality category-health and safety, environmental, and/or business impact.

C. 8 Create the Total Facility Critical Equipment List

a. The Total Facility Critical Equipment List is created by combining the following:

1. Standard Critical Equipment

2. Facility Specific Critical Equipment based on Facility Specific Hazards

3. Specific Critical Equipment identified as critical to meet locally applicable regulations agreements and permit requirements.

b. For projects, it is envisioned that the identification of critical equipment could be made during design stages, as the equipment items are identified, or in a single workshop; this is completed prior to commissioning and is available to handover to operations.

Annex E
Link to Bowties

Barriers are put in place to reduce the likelihood or impact of a hazardous scenario. These barriers can be(or include) a critical system or critical equipment that needs to function in accordance with a performance criteria to provide the intended risk reduction.

Figure E. 1 illustrates how critical equipment acts as barriers by either:

a. Preventing(left side of the bowtie) the hazardous event

b. Mitigating(right side of the bowtie) the hazardous event

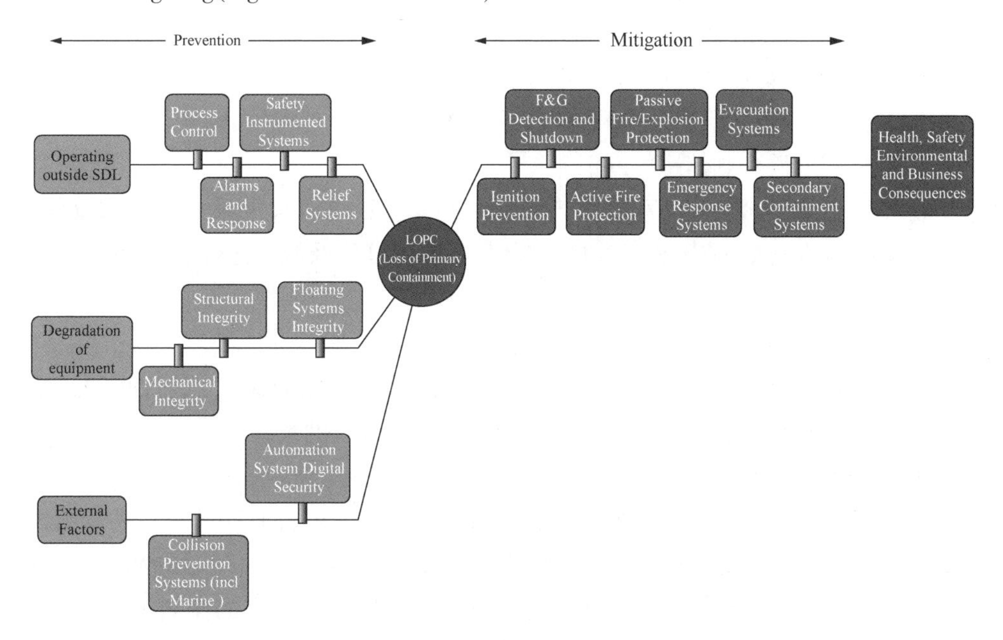

Figure E. 1 LOPC Bowtie showing the Group Barrier Families

注：1. 文件中涉及的附件 Annex A(Relationship to Other Management Systems/Processes)和 Annex B (Standard Critical Equipment List)以及 Annex D(A Template That can be Used to Document Critical Equipment Assessment)省略。

2. 关于摘录中多处提到的 HSE Impact Level E 和 Business Impact Level D 以及 Risk Matrix 的定义和其他等级的详细描述需要参照其他相关文件，这里不再一一列举。

第4章　润滑油生产中常见问题的处理

4.1　如何避免交叉污染?

1. 打猪管线和收发猪器

在润滑油生产过程中，为了更换物料品种，包括输送调合后产品的更换，做到一管多用，在某些管段上需要采用打猪管线和收发猪器，譬如：

(1) 从DDU到调合釜(BBV/ABB)和预混罐；

(2) 从调合设备(BBV/ABB和SMB以及ILB)到成品罐；

(3) 从成品罐到矩阵式打猪管汇；

(4) 从矩阵式打猪管汇到灌装线前的过滤器；

(5) 从卸船码头到储罐区管汇。

除了以上为了避免产品和物料出现交叉污染在某些管段上采用打猪系统外，也可以在调合设备如SMB和ILB的主管道上采用打猪系统，这样就不需要再采用压缩空气吹扫了。

2. 压缩空气吹扫

在无法设置打猪系统的设备和管线上采用压缩空气(或氮气)进行吹扫，使用单向阀防止含油气体回流，并尽可能地缩短工艺管线的长度。

3. 工艺管线布置

水平布置的管线要有一定的坡度，垂直布置的管线要由上到下。管线最低处应设置排净阀，最高处应设置放空阀。打猪管线应尽量避免出现≤90°的拐弯以及由下至上的垂直布置，进收猪器(HLDV)前的管段要有一定的倾斜度(详见图4-1安装图示)。打猪管线上不应设有倒淋阀，也应尽可能地避免出现放空阀，减少猪在管道中的磨损和阻力。

4. 专用设备和设施

如前所述，采用以下一些措施来减少交叉污染，如：

(1) 调合釜锥底处设置釜底阀和釜内顶部设置旋转清洗喷头。

(2) 成品罐无论是锥底罐还是平底罐，罐内顶部都要设置旋转清洗喷头和泵前过滤器采用倒T型。

（3）所有储罐除了锥底罐都要设置积水坑或排污管道，所有储罐基本上都采用专管专泵，泵和单向阀前后都会在管道上设置带管帽的倒淋阀，包括 SMB 和 ILB 主管道上的泵和单向阀以及在线混合器前后的倒淋阀，尽可能地排净因为需要更换批次和品种在管道里的残留物。

图 4-1 收猪器(HLDV)的安装图示

5. 投产前系统清洗

虽然如前所述，储罐和管道在安装过程中采用喷砂和其他办法进行清洁处理。可是即使做得很好，也难免在安装过程中不出现再次的污染和锈蚀，因此在投产前还需要对所有系统包括储罐和管道进行油循环的清洗，同时也可以进一步检查各种动设备的运行情况，为正式投料进行试生产做准备。

循环清洗油通常采用廉价的基础油，清洗完以后作为废油处理，这是一项相当费时和费工的工程。由于设备都已经安装完毕，而且系统也都做了水压测试和压缩空气吹扫，还得将它们重新拆卸，再用耐油胶管和阀门以及短管连接各个独立的可以用基础油进行循环的系统，连续地每个系统采用不同级别过滤精度的过滤器进行循环清洗，直至达到清洗要求或标准为止。清洗完达标后，拆卸的设备和部件以及管道要重新复位，最后再用压缩空气做气密性测试，确保每个系统投产后无任何泄漏。以下是清洗要求，仅供参考。

（1）ICP(21 元素)$<10\times10^{-6}$；

（2）氯化物$<5\times10^{-6}$；

（3）水$<200\times10^{-6}$；

（4）外观干净，无沉积物。

4.2 如何达到调合精度?

润滑油生产过程是一个没有任何化学反应的物理调合过程，在调合过程中各个组分是按照控制系统中事先设置好的配方和前后顺序以及所需的生产量包括冲洗量进行投料的。因此，要调合出优质的润滑油产品，除了控制好加热温度和搅拌力度外，还要求按比例投料的计量十分精准，譬如像前面所讲到的那样，调合和辅助设备需要有以下一些配置，即：

(1) BBV/ABB 采用 Load Cell 和 Two Stage Dosing Valve。

(2) DDU 采用 Weighing Scale 和 Control Valve。

(3) SMB 和 ILB 采用 Mass Flow Meter 和 Control Valve。

(4) Diluted Antifoam Solution 和 Dyeing Injection System 采用 Metering Pump/Dosing Pump 和 Mass Flowmeter 以及 Control Valve。

4.3 如何做到搅拌均匀?

要求搅拌均匀也是生产润滑油的一个关键工序，因此如前所述，需要有以下一些配置，即：

(1) BBV/ABB 采用 Agitator。

(2) SMB 和 ILB 采用 Inline Mixer(Static Mixer 或 Dynamic Mixer)。

(3) 成品罐和原料罐采用 Eductor/Ejector。

4.4 如何实现产品的洁净度和计量正确?

正如前面所讲到的那样，要确保产品的洁净度和计量正确，除了采用各种办法减少交叉污染外，最后一道工序就是要在每条灌装线前配置不同精度的并联或串联的过滤器以及在线消气器，最大程度减少产品中的颗粒和气体含量，做到包装后的产品质量更加优良、计量更加正确。

4.5 如何控制产品质量(QCQA)?

任何产品质量的控制都是一个过程控制，在润滑油调配厂(LOBP)也是如此，基本上都有自己控制质量的实验室，从原料进厂到成品油灌装出厂，都需要经过实验室的化验和分析。因此，在管道和设备上在需要取样的地方都会设置一定数量的取样点，包括船运卸货和槽车装卸货物都会取样化验。化验内容包括但不限于外观、色泽、水分、密度、黏度、闪点、倾点、CCS、洁净度、抗泡性、抗乳化性，等等。

实验室项目是一个专业性很强的工程，它建设的好坏和化验设备的配套是否齐全是保证产品质量的关键，也是一个品牌公司在做好 QCQA 方面的象征，因此需要由专业公司来承建。承建内容包括但不限于实验室台柜工程、机电工程、装修工程和满足实验室要求的各类特殊气体管道工程等。图 4-2～图 4-4 曾经给浙江壳牌工厂新建项目做过实验室的皓郸(上海)实验室系统工程有限公司的一些基本情况和新建实验室的照片，仅供参考。

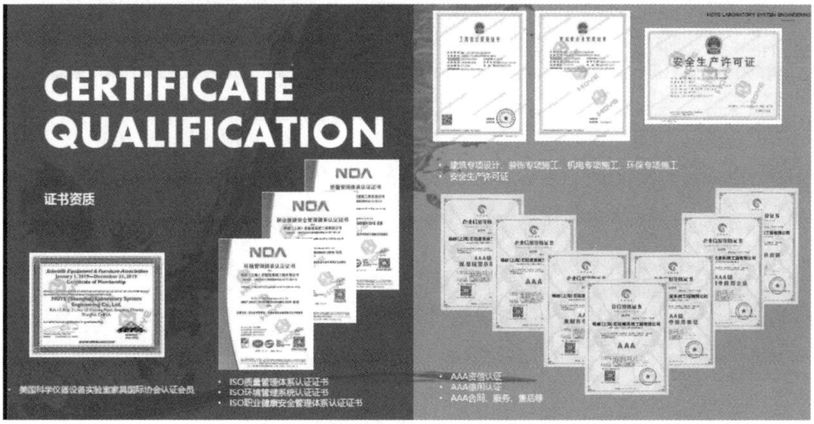

图 4-2 皓郸公司各种资质证书

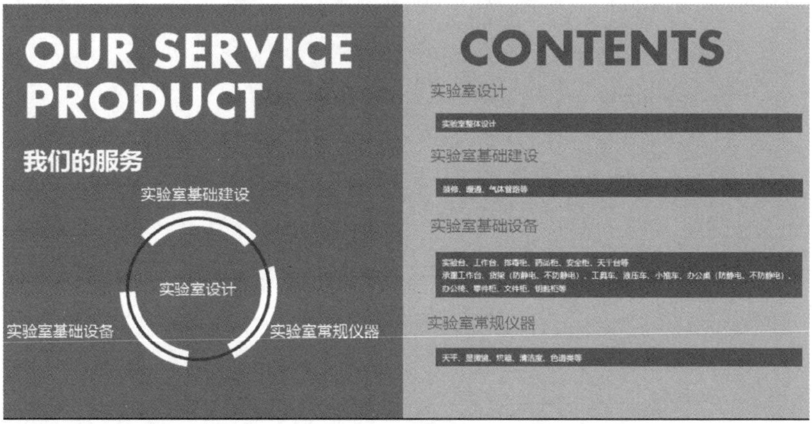

图 4-3 皓郸公司各项服务内容

图 4-4　皓郢公司做过的实验室

编后语

中国是一个机械制造业大国，随着国内经济技术的不断发展，绿色能源包括风能、水能、机械能不断替代传统能源的革新以及智能电动汽车和智能机器人的大量涌现，润滑油的市场只会越来越大，而且要求越来越高。因此，生产高档润滑油必将是润滑油行业发展的主要趋势。目前高档润滑油市场基本上都由外资企业占领，占有国内润滑油生产总量不到20%，具有很大的开拓空间。尤其是中小型企业和民营企业，越来越重视产品的质量和生产自动化与智能化，逐渐走上同国有大型企业和外资企业一样生产中、高档润滑油的道路，满足更多市场的需求。

我们编写了这样一本总结作者多年参与过外资企业新建和改扩建项目所积累的知识与经验的书《润滑油生产工艺和设备》，就是为了这个目的，希望通过它能够将我国的润滑油事业推向新的高度和新的高潮。